Karl Krainer

Nationalpark Hohe Tauern
GEOLOGIE

ISBN 3-85378-585-9

2. überarbeitete und erweiterte Auflage 2005

Herausgeber:
Sekretariat des Nationalparkrates Hohe Tauern, Kirchplatz 2, 9971 Matrei in Osttirol
www.hohetauern.at

Umschlagfoto: Nationalpark Hohe Tauern – Lammerhuber

Gesamtherstellung: Verlag Carinthia GmbH & Co KG, Klagenfurt
www.verlag.carinthia.com

Karl Krainer

Institut für Geologie und Paläontologie
der Universität Innsbruck,
Innrain 52 · A-6020 Innsbruck

Nationalpark Hohe Tauern
GEOLOGIE

Inhalt

Zeitalter		Periode	Epoche	Mill. Jahre	Wichtige geolog. Prozesse – Hohe Tauern
				0	
KÄNOZOIKUM (ERDNEUZEIT)		QUARTÄR	Holozän Pleistozän		Abschmelzen der riesigen Eismassen Eiszeit, mehrere große Vereisungsphasen
				1,64	
KÄNOZOIKUM (ERDNEUZEIT)		TERTIÄR	Pliozän Miozän Oligozän Eozän Paläozän		Aufwölbung und Heraushebung des Tauernfensters, „Alpine Klüfte"; Intrusion des Rieserferner Plutons, Ganggesteine im Altkristallin; jungalpidische Metamorphose und Gebirgsbildung (Faltung, Deckenbildung)
				65	
MESOZOIKUM (ERDMITTELALTER)		KREIDE	Oberkreide Unterkreide		Altalpidische Metamorphose und Gebirgsbildung, Subduktion des Penninischen Ozeans
				145,6	
MESOZOIKUM (ERDMITTELALTER)		JURA	Malm Dogger Lias		Starke Dehnungstektonik und Absenkung, Öffnung des Penninischen Ozeans, Ablagerung von Tiefseesedimenten, Bildung ozeanischer Kruste (heute Prasinite, Serpentinite der Oberen Schieferhülle)
				208	
MESOZOIKUM (ERDMITTELALTER)		TRIAS	Rhät Nor Karn Ladin Anis Skyth		Flaches Schelfmeer (Tethys) Ablagerung von Kalken und evaporitischen Gesteinen (Gips) sowie tonig-siltigen Sedimenten (Seidlwinkl-Trias)
				245	
PALÄOZOIKUM (ERDALTERTUM)	JUNGPALÄOZOIKUM	PERM	Zechstein Rotliegendes		Bruchtektonik, Ablagerung von Kiesen und Sanden (Wustkogelserie)
				290	
PALÄOZOIKUM (ERDALTERTUM)	JUNGPALÄOZOIKUM	KARBON	Stefan Westfal Namur Visé Tournais		Intrusion granitischer und tonalitischer Schmelzen (heute Zentralgneise) in die Gesteine des Alten Daches und der Habachserie Variszische Metamorphose und Gebirgsbildung
				362,5	
PALÄOZOIKUM (ERDALTERTUM)	ALTPALÄOZOIKUM	DEVON	Ober- Mittel- Unter-		
				408,5	
PALÄOZOIKUM (ERDALTERTUM)	ALTPALÄOZOIKUM	SILUR	Ober- Unter		Metamorphose im Altkristallin der Schobergruppe, Intrusion von Graniten (heute Orthogneise)
				439	
PALÄOZOIKUM (ERDALTERTUM)	ALTPALÄOZOIKUM	ORDOVIZIUM	Ober- Unter		Altkaledonische Metamorphose im Altkristallin der Deferegger Alpen
				510	
PALÄOZOIKUM (ERDALTERTUM)	ALTPALÄOZOIKUM	KAMBRIUM	Ober- Mittel- Unter-		Entstehung der Gesteine der Habachserie und des Alten Daches
				570	
PRÄKAMBRIUM		PROTERO-ZOIKUM			Älteste Fossilien (Acritarchen) aus Gesteinen der Habachserie
				2500	
PRÄKAMBRIUM		ARCHAIKUM			
				4000	
PRÄKAMBRIUM		HADAIKUM			
				ca. 4800	Entstehung unseres Planetensystems

Einleitung

Die Hohen Tauern, die mit ihren Gipfeln weit in die Region des ewigen Eises hinaufreichen, sind eine der wohl schönsten Hochgebirgslandschaften der Ostalpen. Diese einmalige Landschaft wird geprägt von den vielen gletscherbedeckten Gipfeln, von schroffen Kämmen und Graten, steilen Felswänden und Blockfeldern, von sanften, grasbewachsenen Almwiesen und dunkelgrünen Bergwäldern, von oft tief in den Fels eingeschnittenen Gräben, Schluchten und Tälern.

Die Hohen Tauern, Lebensraum für eine einzigartige Flora und Fauna, lieferten mit ihren Bodenschätzen über Jahrtausende vielen Menschen ihre Existenzgrundlage.

Diese großartige Hochgebirgslandschaft, wie sie uns heute entgegentritt, ist das Ergebnis vieler Jahrmillionen andauernder geologischer Prozesse. Die Hohen Tauern entstanden aus dem Wechselspiel von endogenen und exogenen geologischen Kräften.

Endogene Kräfte, die im Erdinneren ablaufen, führten zu Verschiebungen ganzer Erdkrustenteile, zu Faltung, Übereinanderstapelung mächtiger Gesteinspakete, zur Umwandlung (Metamorphose) der Gesteine und zur Entstehung eines Gebirges.

Die exogenen, an der Erdoberfläche zwischen Lithosphäre, Atmosphäre, Hydrosphäre und Biosphäre ablaufenden Prozesse waren und sind auch heute noch für die Formung der abwechslungsreichen Hochgebirgslandschaft verantwortlich.

Im vorliegenden Buch soll die Entwicklungsgeschichte der Hohen Tauern in kurzer Form dargestellt werden. Dabei soll auf folgende Fragen eine Antwort gegeben werden: Aus welchen Gesteinen sind die Hohen Tauern aufgebaut? Wie sind diese Gesteine entstanden? Welches Alter besitzen sie? Wie sieht der geologische Bau der Hohen Tauern aus? Welche endogenen und exogenen geologischen Prozesse haben zur Entstehung dieses Baues geführt?

Am Zustandekommen dieses Buches haben viele Kollegen tatkräftig mitgeholfen. Für die Unterstützung bedanken möchte ich mich bei den Nationalparkverwaltungen Hohe Tauern Kärnten, Salzburg, Tirol und dem Nationalparkrat Hohe Tauern.

Für die kritische Durchsicht des Manuskriptes, für zahlreiche Hinweise und Bemerkungen danke ich sehr herzlich Herrn Univ.-Prof. Dr. Adolf Fritz (Klagenfurt), Herrn Univ.-Prof. Dr. J. G. Haditsch (Leoben - Graz), Herrn Univ.-Prof. Dr. Helfried Mostler (Innsbruck), Herrn Dr. Gerhard Niedermayr (Wien), Herrn Mag. Dr. Gerhard Poscher (Innsbruck), Herrn Dr. Ferdinand Stefan (Klagenfurt) und Herrn Dr. Roland Stern (Innsbruck).

Für die Bereitstellung von Fotos bin ich Herrn Dipl.-Ing. Helmut Lang (Villach), Herrn Mag. Dr. Gerhard Poscher (Innsbruck), Herrn Dr. Wolfgang Retter (Lienz), Herrn Axel Spieler (Innsbruck), Herrn Dr. Ferdinand Stefan (Klagenfurt) und Herrn Alois Steiner (Bramberg) zu Dank verpflichtet.

Zum Aufbau des Buches: Einleitend wird im Kapitel 1 eine kurze Übersicht über die geologische Erforschungsgeschichte gegeben. In Kapitel 2 werden zum besseren Verständnis der folgenden Abschnitte die wichtigsten Gesteine und deren Entstehung kurz vorgestellt. Kapitel 3 informiert über die geologischen Baueinheiten der Hohen Tauern, der Schobergruppe und der Deferegger Alpen hinsichtlich Gesteinszusammensetzung, Alter der Gesteinsabfolgen und Verbreitung. Kapitel 4 befasst sich mit dem tektonischen Bau des Tauernfensters. Nach einem kurzen Abriss der Plattentektonik werden im

Kapitel 5 die durch endogene Kräfte ausgelösten tektonischen Prozesse beschrieben, die zur Entstehung der Alpen und Hohen Tauern geführt haben. Kapitel 6 ist den exogenen, an der Erdoberfläche wirksamen geologischen Prozessen gewidmet, die für die Formung der Landschaft zum heutigen Bild verantwortlich sind. Dabei wird die geologische Tätigkeit der Gletscher, vor allem in Zusammenhang mit den quartären Vereisungsphasen, besonders hervorgehoben.

In Kapitel 7 werden einige mineralogische Kostbarkeiten aus den Hohen Tauern (v.a. „alpine Kluftminerale") vorgestellt. Kapitel 8 gibt einen kurzen Überblick über die Bergbaugeschichte, besonders des Gold- und Silberbergbaues, in den Hohen Tauern im Verlauf der letzten 2000 Jahre. Am Schluss des Buches sind einige Wandervorschläge angeführt. Ein Verzeichnis mit der Erklärung einiger wichtiger geologischer Begriffe sowie ein Literaturverzeichnis (einschl. geologischer Karten) runden das Buch ab.

Vorwort zur zweiten Auflage

Neue wissenschaftliche Ergebnisse sowie viele neue Einrichtungen (Lehrwege etc.), die im Nationalpark Hohe Tauern seit dem Erscheinen der 1. Auflage errichtet wurden, haben eine vollständige Überarbeitung des Buches notwendig gemacht. Neue wissenschaftliche Ergebnisse wurden eingearbeitet, auch die durch den starken Rückgang der Gletscher verursachten Veränderungen in den Gletschervorfeldern wurden berücksichtigt. Dem Thema Alpiner Permafrost und Blockgletscher wurde ein eigenes Kapitel gewidmet.

Die Grafiken wurden neu gestaltet, der Text wurde durch zahlreiche neue Bilder ergänzt.

Für die Anregung und Unterstützung zur Überarbeitung des Buches danke ich sehr herzlich Ing. Hans Keuschnig, Mag. Günter Mussnig und Walter Egger (alle Nationalparkverwaltung Kärnten), Ing. Manfred Höger und Ing. Johann Lerch (Nationalparkverwaltung Salzburg) sowie Mag. Martin Kurzthaler (Nationalparkverwaltung Tirol). Für die Bereitstellung von Fotomaterial danke ich Dipl.-Ing. Helmut Lang (Villach), Mag. Dr. Gerhard Poscher (Flaurling), Ing. Johann Lerch (Neukirchen am Großvenediger), Gregor Schewast (Nussdorf-Debant), Axel Spiele (München), Dr. Ferdinand Stefan (Klagenfurt), Dr. G. Kandutsch, Dr. G. Zagler und Alois Steiner (Bramberg).

1 Pioniere der geologischen Erforschung der Hohen Tauern

Abgesehen von der im Zusammenhang mit der Suche nach Erzen verbundenen geologischen Tätigkeit war Belsazar Hacquet wohl der Erste, der sich mit der Geologie der Hohen Tauern wissenschaftlich auseinander setzte.

Hacquet, geboren 1739 oder 1740, entstammt einer französischen Adelsfamilie, studierte Medizin in Paris und Wien und erhielt 1766 die Stelle eines „Bergamtschirurgen" im Quecksilberbergwerk zu Idria in Krain. 1773 wurde er Professor für Anatomie, Physiologie und Chirurgie in Laibach, 1787 Professor für Naturgeschichte an der Universität Lemberg und schließlich 1805 Professor für Chemie und Botanik in Krakau. Seine letzten Lebensjahre verbrachte er in Wien, wo er 1815 gestorben ist.

Während seiner Lehrtätigkeit in Laibach widmete sich Hacquet intensiv der naturkundlichen Erforschung des Krainer und Kärntner Raumes.

Eine seiner vielen Forschungsreisen führte Hacquet quer durch Kärnten („Mineralogisch-botanische Lustreise von dem Berg Terglou [= Triglav] in Krain, zu dem Berg Glokner [= Großglockner] in Tyrol im Jahre 1779 und 81", erschienen in Wien 1784). Auf dieser Reise lernte er in Klagenfurt auch Franz Xaver Wulfen kennen, besuchte einige der damals in Betrieb stehenden Bergbaue (u.a. die Gruben auf der Goldzeche) und hielt auch eine Besteigung des Großglockners für durchführbar. Auf seiner Reise beschrieb er auch die verschiedenen Gesteinsarten, die er am Wege aufgefunden hat.

1848 bereiste der Schweizer Geologe B. Studer die Hohen Tauern und erkannte als Erster, dass die Gesteinsabfolge in den Hohen Tauern eine große Ähnlichkeit mit jener im Wallis und Graubünden aufweist.

Um 1850 setzte durch die neu gegründete Geologische Reichsanstalt in Wien unter der Leitung des berühmten Geologen D. Stur und Mitarbeit von K. Peters und M. v. Lipold die systematische geologische Erforschung der Hohen Tauern ein. Das Ergebnis dieser Arbeit war unter anderem eine geologische Karte des Glocknergebietes im Maßstab 1:75.000.

D. Stur war vermutlich auch der erste Geologe, der den Großvenediger (20. August 1853) und den Großglockner (13. Sept. 1853 und 1. Sept. 1854) bestiegen hat. Die erste, sehr erfolgreiche Besteigung nahm Stur mit 3 Führern aus Heiligenblut vor, an der zweiten, weniger gut verlaufenen Ersteigung des Großglockners waren insgesamt 13 Personen beteiligt.

Die Anstiegsroute führte damals von Heiligenblut durch das Leitertal zur Salmshöhe, von dort über das Leiterkees zur Hohenwarte, weiter zur Adlersruhe und schließlich auf den Kleinglockner, die berüchtigte Glocknerscharte querend, auf den Gipfel des Großglockners.

Über die Besteigung des Großglockners hat Stur einen ausführlichen Bericht verfasst, der zwar nur wenige geologische Angaben enthält, dafür aber eine sehr detaillierte und lesenswerte Beschreibung der Besteigung selbst gibt. Besonders die Überwindung der Scharte zwischen Klein- und Großglockner, der gefährlichste Abschnitt der ganzen Route, wird von Stur ausführlich geschildert. Die folgenden Zeilen geben einen Auszug aus seinem Bericht wieder:

„Ist aber der Schneeüberzug des Absturzes ganz weich, so dass die Stufen dem herabsteigenden Fremden keinen genügenden Halt bieten würden, so muss man auf eine von der angegebenen ganz verschiedene Art den Weg zur Scharte herab ausarbeiten. Ist nämlich der Führer am Absturze angelangt, so setzt er sich nieder und rutscht in sitzender Stellung auf die Scharte herab, wobei er sich auf der Kante, die zur Scharte herabführt, zu erhalten suchen muss; denn rechts

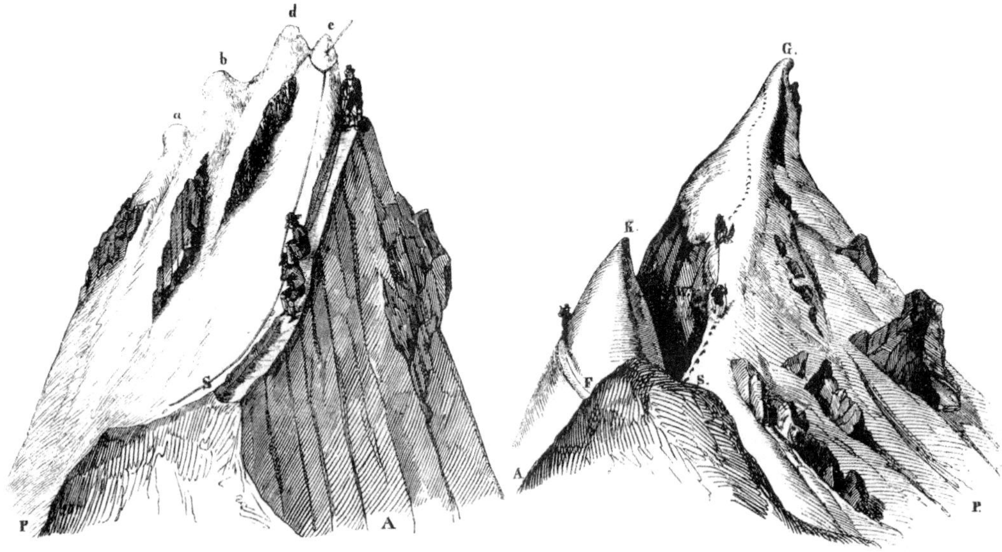

Abb. 1: Überwindung der gefährlichen Scharte zwischen Klein- und Großglockner und Besteigung des Großglockners am 13. September 1853 durch D. Stur und 3 Bergführer aus Heiligenblut (gezeichnet von D. Stur, mit freundl. Genehmigung der Geol. Bundesanstalt, Wien).

und links von der Kante senken sich steile Abstürze gegen die Abgründe der Pasterze und des Kalserkeeses. Diese Rutschfahrt wiederholt er so oft, bis er an der Absturzkante eine Art Rinne oder Trog mit seinem Unterleibe ausgefahren hat (Fig. 4). Diese Rinne hat gewöhnlich zwei ungleich hohe Ufer; das eine rechts ist erhabener, und reicht dem sitzenden Abfahrer kaum etwas über die Hüften; das andere ist aber viel niedriger und gerade an dem steileren Abhange gegen den Kalserkees gelegen. Ueberdiess krümmt sich diese Rinne in ihrem unteren Theile etwas nach rechts, so dass dadurch die Gefahr des Herabrutschens auf den Kalserkees noch möglicher gemacht wird." (siehe Abb. 1)

Abschließend nennt Stur in seinem Bericht drei Grundvoraussetzungen für die Ersteigung des Großglockners: (1) *„reines und möglichst warmes Wetter", (2) „muthige, willige und geschickte Führer"* und (3) der Glocknerbesteiger muss selbst ein *„geübter, rüstiger Bergsteiger"* sein. Weiters nennt Stur *„feste, verläßliche Fußbekleidung und Steigeisen", „Stärkungsmittel"* (Proviant), *„von Speise taugt Brod, Fleisch aller Art und Speck am besten", „der Wein erwärmt, Rum auf Zucker getropft wirkt besonders bei einem Anfalle von Schwäche belebend".* Die Wahl der Kleidung wird ebenfalls als wichtiger Punkt hervorgehoben *(„zu warme Kleider beängstigen zu sehr, zu luftiger Anzug lässt dem eisigen Wind offenen Durchgang").*

In etwas abgewandelter Form besitzen diese Voraussetzungen, von Stur 1854 aufgestellt, auch heute noch ihre volle Gültigkeit.

Nach diesem kleinen Exkurs kehren wir wieder zur Erforschungsgeschichte zurück. Um 1880 wurde in den Hohen Tauern mit systematischen petrographischen Untersuchungen begonnen, zu erwähnen sind hier vor allem die Arbeiten von F. Becke aus Wien und E. Weinschenk aus München.

Im Jahre 1903 besuchte im Anschluss an den Internationalen Geologenkongress in Wien der französische Geologe Pierre Termier die Hohen Tauern, erkannte die Fensternatur („Tauernfenster"), übertrug die westalpine Deckentheorie auf die Hohen Tauern und leitete damit eine neue Phase der geologischen Forschung in den Hohen Tauern ein: die Deckentektonik, die in der Folge vor allem vom Wiener Professor

L. Kober vehement vertreten und ausgebaut wurde. Kober hat seine Ergebnisse und Ideen zur Deckentektonik der Alpen in der Synthese „Bau und Entstehung der Alpen“ (Wien 1955) niedergeschrieben und sich dabei als glühender Verfechter der Deckentektonik ausgewiesen. So schreibt Kober als Einleitung zum Kapitel „Das Tauernfenster und sein Rahmen“:

„Das Tauernfenster ist das Schreckgespenst der Antinappisten. Aller derer, die das Tauernfenster als Phantasie der Nappisten betrachten, im Sinne der Ultranappisten. Ultranappist ist nach M. Gignoux der Wiener Professor für Geologie, V. Uhlig, der 1911 gestorben ist. Ultranappist ist aber vor allem P. Termier, der Entdecker des Tauernfensters. Ultranappist ist also auch E. Suess. Ultranappisten sind L. Kober, R. Staub. Ultranappisten sind alle, die das Tauernfenster im Sinne P. Termiers sehen.“

Am Westende der Hohen Tauern hat B. Sander aus Innsbruck, Begründer der Gefügekunde, wertvolle Forschungsarbeit geleistet. Nach dem 1. Weltkrieg besuchte der Schweizer Geologe R. Staub die Hohen Tauern.

Auch heute noch beispielhaft ist die von H. P. Cornelius und E. Clar in den Jahren 1929 bis 1934 durchgeführte geologische Detailkartierung der Glocknergruppe im Maßstab 1:25.000 auf Grundlage der ausgezeichneten topographischen Alpenvereinskarte. Die Erläuterungen dazu sind 1939 in einer ausführlichen Arbeit erschienen („Geologie des Großglocknergebietes“).

In den Jahren 1933 bis 1939 haben F. Angel und R. Staber, ebenfalls auf topographischer Unterlage der Alpenvereinskarte, die Ankogel-Hochalmspitzgruppe im Maßstab 1:50.000 kartiert und dazu ebenfalls ausführliche Erläuterungen publiziert.

Seit etwa 1938 beschäftigte sich der Wiener Professor Ch. Exner intensiv mit der Geologie der Hohen Tauern und veröffentlichte dazu eine Vielzahl von wissenschaftlichen Publikationen. 1956 erschien von ihm auch die Geologische Karte der Umgebung von Gastein, 1962 die Geologische Karte der Sonnblickgruppe und 1983 die Geologische Karte der Hafnergruppe (1:25.000).

Vor etwa 3 Jahrzehnten setzte in den Hohen Tauern eine intensive Forschungstätigkeit ein, wobei mit immer neueren und diffizileren Untersuchungsmethoden ständig neue wissenschaftliche Daten erarbeitet und veröffentlicht wurden und werden, was zu einer ständigen Verfeinerung des geologischen Bildes über die Entstehung der Hohen Tauern führt. Führend in der geologisch-petrographischen Erforschung der Hohen Tauern sind vor allem die Institute der Universitäten Wien, Salzburg, Innsbruck, München und Tübingen.

Es soll hier auch nicht unerwähnt bleiben, dass im Zuge der Errichtung von Kraftwerksanlagen (Talsperren, Beileitungs-, Triebwasserstollen etc.) zahlreiche baugeologische Detailuntersuchungen durchgeführt wurden, die den geologischen Kenntnisstand in den betreffenden Gebieten bedeutend erweitert haben. Vor allem die oft viele Kilometer langen und teilweise ganze Gebirgsgruppen querenden Stollen haben viele wichtige Erkenntnisse über den geologischen Bau der Hohen Tauern geliefert (z. B. Kraftwerksgruppe Glockner-Kaprun, Kölnbrein-Maltatal, Fragant oder Kraftwerke in den Zillertaler Alpen).

Blick vom Kloben nach Südwesten zum Großglockner (11.8.1991).

2 Kurze Einführung in die Gesteinswelt

Das Penninikum des Tauernfensters und die südlich angrenzenden Altkristallinmassen sind fast ausschließlich aus metamorphen Gesteinen aufgebaut. Lediglich in der Schobergruppe und den Defereggen Alpen treten untergeordnet auch nichtmetamorphe, jungalpidische Ganggesteine auf.

Diese metamorphen Gesteine sind alle während der alpidischen Gebirgsbildung unter erhöhten Druck- und Temperaturbedingungen umgeformt worden und aus folgenden Gesteinen hervorgegangen:

a) **magmatische Gesteine** (Zentralgneise, Orthogneise, basische Vulkanite der Habachserie und Oberen Schieferhülle)
b) **ältere metamorphe Gesteine** („Altes Dach", Altkristallin der Schobergruppe und des Defereggen Gebirges)
c) **Sedimentgesteine** (Habachserie, Obere Schieferhülle)

Ursprünglich (vor der alpidischen Gebirgsbildung und Metamorphose) waren am Aufbau des Tauernfensters (Penninikum) sämtliche Gesteinsgruppen vertreten. Zum besseren Verständnis der Gesteinsvielfalt und ihrer Entstehung sollen die einzelnen Gesteinsgruppen mit den wichtigsten Gesteinstypen kurz vorgestellt werden.

2.1 Magmatische Gesteine (Magmatite, Erstarrungsgesteine)

Unter dieser Bezeichnung werden alle Gesteine zusammengefasst, die aus einer flussigen Gesteinsschmelze (Magma) auskristallisiert sind. Gesteine, die innerhalb der Erdkruste erstarrt sind, nennt man **Intrusivgesteine oder Plutonite.** Dringen die Schmelzen bis an die Erdoberfläche, so kommt es zu vulkanischen Prozessen und es entstehen **vulkanische Gesteine** (Ergussgesteine oder Vulkanite).

Aufgrund der chemischen Zusammensetzung (Gehalt an Kieselsäure SiO_2) unterscheidet man

a) **saure Magmatite** (SiO_2 > 65 %) mit den Hauptmineralen Quarz, Alkalifeldspat, Albit und Muskowit
b) **intermediäre Magmatite** (SiO_2 52–65 %) mit Quarz, Feldspäten, Amphibolen, Muskowit und Biotit als wichtigsten Mineralen
c) **basische** (SiO_2 45–52 %) und
d) **ultrabasische Magmatite** (SiO_2 < 52 %) mit Anorthit-reichen Plagioklasen, Pyroxen und Olivin als gesteinsbildenden Mineralen.

Folgende **Tabelle 1** zeigt die wichtigsten Gesteinstypen (siehe Abb. 2–8).

Chemismus	Plutonite	Vulkanite
sauer SiO_2 > 65 %	Granit Tonalit	Rhyolith (Quarzporphyr) Dazit
intermediär SiO_2 52–65 %	Syenit Monzonit Diorit	Trachyt Latit Andesit
basisch SiO_2 45–52 %	Gabbro	Basalt
ultrabasisch SiO_2 < 45 %	Peridotit Pyroxenit Dunit	Kimberlit

Die gesteinsbildenden Minerale magmatischer Gesteine werden untergliedert in dunkle Gemengteile (Olivin, Pyroxen, Amphibol, Granat, Glimmer), helle Gemengteile (Quarz,

Feldspat, Feldspatvertreter) und akzessorische Gemengteile (Apatit, Rutil, Zirkon, Titanit, Ilmenit, Pyrit, Chromit, Magnetit etc.).

Plutonite und Vulkanite unterscheiden sich hinsichtlich ihrer Textur. Plutonite, die innerhalb der Erdkruste erstarren, kühlen langsam ab. Dabei kann die gesamte Schmelze zu Mineralen auskristallisieren. Es entsteht ein relativ gleichkörniges, grobkristallines **„granitisches" Gefüge.**

Dagegen erstarren Gesteinsschmelzen, die an die Erdoberfläche gelangen, sehr rasch, sodass sich die Atome nicht immer zu einem Kristallgitter formieren können. Es entstehen häufig vulkanische Gläser (z. B. Obsidian) oder Gesteine mit sehr feinkörnigen Mineralen. Typisch für viele Vulkanite ist ein **„porphyrisches" Gefüge.** Dieses besteht aus einer sehr feinkörnigen Grundmasse aus vulkanischem Glas und kleinen Mineralen. In der Grundmasse schwimmen häufig gut ausgebildete, oft mehrere mm große Kristalle, die als **Einsprenglinge** bezeichnet werden (z. B. Quarzporphyr mit Einsprenglingen von Quarz und Feldspäten).

Basische Magmatite sind aus H_2O-freien Mineralen (Olivin, Pyroxen, Feldspäte) zusammengesetzt, auch an Vulkanen austretende basische Laven sind sehr arm an H_2O. Dies weist darauf hin, dass basische Magmatite aus „trockenen" bzw. sehr H_2O-armen Schmelzen hervorgehen, die aus dem oberen Erdmantel stammen. Basaltische Schmelzen sind leichter als ihre Umgebung, sie steigen daher auf. Da basaltische Magmen auch sehr leichtflüssig sind, erreicht ein Großteil der basaltischen Magmen die Erdoberfläche, wo sie als Laven austreten. Daher sind basaltische Vulkanite wesentlich häufiger als basaltische Plutonite.

Saure Schmelzen enthalten dagegen H_2O-hältige Minerale wie Glimmer und Amphibole, saure Laven setzen auch relativ viel H_2O frei. Daher nimmt man an, dass saure Magmen durch Aufschmelzungsprozesse in der unteren Erdkruste entstehen. Saure Magmen sind auch sehr zähflüssig, daher bleibt ein Großteil der sauren Magmen innerhalb der Erdkruste stecken und erstarrt als Plutonit. Entsprechend überwiegen bei den sauren Magmatiten die Plutonite, während saure Vulkanite mengenmäßig nur eine untergeordnete Rolle spielen.

Andesite (intermediäre Vulkanite) werden fast ausschließlich im Bereich von Subduktionszonen durch Aufschmelzungsprozesse an der Grenze abtauchende Platte – Erdmantel gebildet.

2.2 Metamorphe Gesteine

Unter Metamorphose versteht man die Umwandlung von Mineralen im Gestein unter erhöhten Druck- und Temperaturbedingungen in der tieferen Erdkruste. Diese Umwandlung der Minerale erfolgt unter Beibehaltung des kristallinen Zustandes, es kommt während der Metamorphose zu keinerlei Aufschmelzungsprozessen. Auch die chemische Zusammensetzung der Gesteine bleibt annähernd gleich. Während der Metamorphose entstehen neue Minerale, die unter den erhöhten Druck- und Temperaturbedingungen stabil sind.

Werden magmatische Gesteine metamorph überprägt, so nennt man sie **Orthogesteine.** Aus einem Granit entsteht ein Orthogneis.

Abb. 2: Granit

Abb. 3: Tonalit

Abb. 4: Gabbro

Abb. 5: Quarzporphyr (Rhyolith)

Abb. 6: Amphibol-Andesit

Abb. 7: Olivin-Basalt

Abb. 8: Pillow-Basalt (Apennin), fossiler Ozeanboden. Aus solchen Basalten sind die Prasinite (Grünschiefer) der Oberen Schieferhülle entstanden.

Werden Sedimentgesteine metamorph überprägt, so entstehen **Paragesteine.** Aus einem Sandstein entsteht unter bestimmten Druck- und Temperaturbedingungen ein Paragneis. Es können auch ältere metamorphe Gesteine nochmals metamorph überprägt werden.

Der Temperaturbereich der Metamorphose reicht von 180–200 °C bis zum Beginn der Aufschmelzung, die je nach Gestein bei 700–800 °C einsetzt. Die Drucke reichen von ungefähr 1 bis 18 Kilobar (kb), was einer Tiefe von ungefähr 3 bis 60 km entspricht.

Die Metamorphose bewirkt in den Gesteinen eine Veränderung des Mineralbestandes, außerdem entsteht häufig eine **Schieferung.**

Gelangen Gesteine beispielsweise während einer Gebirgsbildung in größere Tiefe, so werden bestimmte Minerale instabil, das Atomgitter zerfällt und die Atome formen sich zu neuen Mineralen, die unter den höheren Druck- und Temperaturbedingungen stabil sind.

Solche Minerale, die für einen bestimmten Druck- und Temperaturbereich charakteristisch sind, werden als **Indexminerale** bezeichnet. Typische Indexminerale sind beispielsweise Epidot, Chloritoid, Aktinolith, Staurolith, Disthen.

Minerale, die über einen bestimmten Druck- und Temperaturbereich stabil sind, bilden eine Mineralparagenese.

Zonen mit demselben Metamorphosegrad nennt man Metamorphosezonen, man spricht auch von **„metamorpher Fazies“.** Jede Metamorphosezone ist durch eine bestimmte Mineralparagenese charakterisiert.

Generell unterscheidet man zwischen Kontaktmetamorphose, Regionalmetamorphose und Versenkungsmetamorphose.

- **Kontaktmetamorphose**
  Im Kontaktbereich zu magmatischen Intrusionen kommt es infolge hoher Temperaturen (250–800 °C), aber bei sehr geringen Drucken zu einer metamorphen Umwandlung des Nebengesteins. Der Kontaktbereich ist meist einige m bis einige 100 m breit. Kontaktmetamorphe Gesteine sind nicht geschiefert und werden generell als Hornfelse bezeichnet.
- **Regionalmetamorphose**
  Darunter versteht man weiträumige Metamorphoseprozesse in Zusammenhang mit Gebirgsbildungen. Während der Regionalmetamorphose werden die Gesteine meist auch tektonisch durchbewegt, dadurch entsteht in den Gesteinen eine ausgeprägte Schieferung.
- **Versenkungsmetamorphose**
  Diese findet dort statt, wo ozeanische Kruste unter kontinentale Kruste oder einem Inselbogen abtaucht, also im Bereich von Subduktionszonen. Die Versenkungsmetamorphose ist charakterisiert durch hohe Drucke und relativ niedrige Temperaturen. Typische Gesteine der Versenkungsmetamorphose sind Blauschiefer und Eklogit.

Mit zunehmenden Druck- und Temperaturbedingungen werden bei der Regionalmetamorphose und Versenkungsmetamorphose grob folgende metamorphe Fazieszonen unterschieden:

- **Zeolithfazies-Pumpellyitfazies** (200–350 °C, < 3 kb) mit Neubildung von Pyrophyllit, Heulandit, Laumontit, Analcim, Prehnit, Pumpellyit, Stilpnomelan u.a.
- **Grünschieferfazies** (350–550 °C, 2–8 kb) mit Albit, Epidot, Chloritoid, Almandin, Aktinolith, Tremolit u.a.
- **Glaukophanschieferfazies** (200–400 °C, 5 –10 kb) mit Glaukophan, Jadeit, Lawsonit u.a.
- **Amphibolitfazies** (550–700 °C, 2–10 kb) mit Staurolith, Disthen, Sillimanit, Orthoklas, Diopsid, Cordierit, Hypersthen u.a.
- **Eklogitfazies** (> 400 °C, > 12 kb) mit Omphacit, Pyrop, Jadeit, Disthen u.a. als Neubildung und
- **Granulitfazies** (700–800 °C, 7–10 kb) mit Quarz, Orthoklas, Hornblende, Disthen, Hypersthen, Spinell, Olivin als wichtigste metamorphe Neubildungen.

Die Klassifikation und Benennung metamorpher Gesteine erfolgt entweder nach ihrer Korngröße (Phyllite, kristalline Schiefer, Gneise) oder nach ihrer mineralogischen Zusammensetzung (z.B. Amphibolit, Marmor, Quarzit).

- **Phyllite** sind feinkörnige, geschieferte metamorphe Gesteine. Sie bestehen hauptsächlich aus diversen Glimmermineralen, Chlorit und

Abb. 9: Phyllit (Obere Schieferhülle, Zillertaler Alpen)

Abb. 10: Granat-Chloritschiefer (Greiner, Zillertaler Alpen)

Abb. 11: Chloritschiefer mit Magnetit und Hornblende (Pfitsch)

Abb. 12: Gneis (Zentralgneis, Hohe Tauern)

Abb. 13: Gefalteter Amphibolit (Kreuzeckgruppe)

Abb. 14: Marmor (Obere Schieferhülle, Brenner)

anderen Phyllosilikaten sowie wechselnden Gehalten an Quarz und Feldspat (Sericitphyllit, Quarzphyllit; Abb. 9).

▶ **Kristalline Schiefer** sind mittel- bis grobkörnige (0,2–1 cm), geschieferte metamorphe Gesteine. Häufige Minerale sind Glimmer (Muskowit, Biotit, Chlorit), Quarz, Feldspat und Granat (z.B. Biotitschiefer, Muskowitschiefer, Chloritschiefer, Granatglimmerschiefer; Abb. 10, 11).

▶ **Gneise** sind sehr grobkörnige, undeutlich geschieferte metamorphe Gesteine. Typische Minerale sind Quarz, Feldspäte, Biotit, Muskowit, Granat, Hornblende, Pyroxen (Abb. 12). Man unterscheidet Orthogneise (aus Magmatiten entstanden), Paragneise (aus Sedimenten entstanden), Augengneise (Orthogneis mit großen Feldspäten = „Augen"), Flasergneis (Feldspataugen parallel zur Schieferung eingeregelt).

Nach der mineralogischen Zusammensetzung werden folgende Gesteinstypen (Haupttypen) auseinander gehalten:

▸ **Granulit:** mittel- bis grobkörniges hochmetamorphes Gestein (Granulitfazies) aus hauptsächlich Quarz, Feldspat, Almandin, Pyroxen zusammengesetzt.

▸ **Amphibolit:** mittel- bis grobkörniges metamorphes Gestein (Amphibolitfazies), das hauptsächlich aus Hornblende und Plagioklas besteht (Abb. 13). In größeren Mengen können auch Epidot, Biotit, Granat und Chlorit enthalten sein (Epidotamphibolit, Granatamphibolit). Amphibolite können geschiefert oder ungeschiefert sein.

▸ **Quarzit:** meist ungeschiefertes, metamorphes Gestein, das fast nur aus Quarz besteht.

▸ **Marmor:** meist ungeschiefertes metamorphes Gestein, das hauptsächlich aus Kalzit (Kalkmarmor), seltener aus Dolomit (Dolomitmarmor) besteht. Untergeordnet können auch Quarz, Feldspäte, Glimmer und Hornblenden (v.a. Tremolit) enthalten sein (Abb. 14).

▸ **Eklogit:** mittel- bis grobkörniges, hochmetamorphes Gestein (Eklogitfazies), das hauptsächlich aus Granat und Pyroxen (Omphacit) besteht. Nebenbei können auch Disthen und Hornblende enthalten sein.

▸ **Grünschiefer, Prasinit:** meist geschieferte metamorphe Gesteine (Grünschieferfazies), die hauptsächlich aus Aktinolith, Hornblende, Feldspäten, Chlorit und Epidot bestehen.

▸ **Serpentinit:** dichtes, hell- bis dunkelgrünes, meist geschiefertes metamorphes Gestein aus Antigorit und Chrysotil.

▸ **Hornfels:** ungeschiefertes, feinkörniges, kontaktmetamorphes Gestein mit größeren Porphyroblasten (z. B. Andalusit, Cordierit, Hornblende, Granat).

Aus **basaltischen Magmatiten** (Basalt, Gabbro, Peridotit, Dunit, Pyroxenit) entstehen je nach Metamorphosegrad Serpentinite, Grünschiefer, Prasinite, Amphibolite oder Eklogite. Solche Gesteine findet man in der Oberen Schieferhülle.

Aus **sauren Magmatiten** (Granite, Tonalite, Rhyolithe) entstehen verschiedene Typen von Gneisen (Orthogneise wie z.B. Granitgneise, Tonalitgneise usw.). Aus solchen Gesteinen bestehen die Zentralgneise.

Aus **tonigen Sedimenten** entstehen je nach Metamorphosegrad Phyllite, kristalline Schiefer oder Gneise (Paragneise). Diese Gesteinstypen findet man in der Habachserie und in der Oberen Schieferhülle.

Aus **kalkig-tonigen Sedimenten** (Mergeln) entstehen Kalkphyllite oder Kalkglimmerschiefer (Kalksilikatfelse), beide in der Oberen Schieferhülle häufig anzutreffen.

Aus **kalkigen Sedimenten** entstehen Kalkmarmore, aus dolomitischen Sedimenten Dolomitmarmore. Diese Gesteinstypen findet man ebenfalls in der Oberen Schieferhülle.

Aus **quarzreichen Sedimenten** (Quarzsandsteinen) und kieseligen Sedimenten (Radiolarite) entstehen verschiedene Typen von Quarziten (z.B. Wustkogelserie der Oberen Schieferhülle).

Aus **feldspatreichen Sandsteinen** (Arkosen, auch Grauwacken) entstehen kristalline Schiefer und Gneise (Paragneise).

2.3 Sedimentgesteine (Absatzgesteine)

Sedimente entstehen an der Erdoberfläche als Folge von Verwitterung, Erosion, Transport und Ablagerung. Man unterscheidet **klastische Sedimente,** die durch Sedimentation von Verwitterungsschutt älterer Gesteine entstehen, **chemische Sedimente**, die durch anorganische Fällungsprozesse im Meer oder in einem See entstehen, **chemisch-biogene Sedimente,** die durch Anhäufung von kalkigen oder kieseligen Schalenresten abgestorbener Lebewesen am Meeresboden oder durch kalkabscheidende Organismen (Algen, Korallen) gebildet werden, sowie **pyroklastische Sedimente,** die vulkanische Auswurfprodukte (vulkanische Aschen, Tuffe, Lapilli usw.) darstellen.

▸ **Klastische Sedimente**

Aufgrund der Korngröße unterscheidet man zwischen Ton (< 0,004 mm), Silt (0,004–0,063 mm), Sand (0,063–2 mm), Kies (2–64 mm) und Blockwerk (> 64 mm). Sind die Sedimente verfestigt, werden sie als Tonstein, Siltstein,

Sandstein, Konglomerat oder Breccie bezeichnet (Abb. 15).

Klastische Sedimente entstehen praktisch überall auf der Erdoberfläche, im Hochgebirge (Hangschutt, Schwemmkegel), in den Tälern, in Seen, Wüsten, im flachmarinen Bereich und in der Tiefsee. Am Festland werden klastische Sedimente hauptsächlich durch fließendes Wasser abgelagert (Flussablagerungen = fluviatile Sedimente), aber auch durch den Wind (äolische Sedimente, verschiedene Dünen in den Wüsten) und durch Gletschereis (Moränen). Im flachmarinen Bereich (Schelf) werden klastische Sedimente hauptsächlich durch sturminduzierte Meeresströmungen sowie Gezeitenströmungen transportiert und sedimentiert, in der Tiefsee spielen Trübeströme (Turbidite) eine große Rolle (Abb. 16, 17). Klastische Sedimente einzelner Ablagerungsräume zeigen oft ganz charakteristische Sedimentstrukturen, Gefügemerkmale (Rundung der Komponenten, Sortierung usw.) und mineralogische Zusammensetzungen. Aus der Analyse klastischer Sedimente können daher Rückschlüsse über den ehemaligen Ablagerungsraum (Transport- und Sedimentationsprozesse) und das damalige Klima gezogen werden.

Abb. 15: Quarzreiche Konglomerate und Sandsteine. Aus ähnlichen Sedimenten sind die Quarzite der Wustkogelserie entstanden.

Abb. 16: Gut gebankte, mächtige klastische Tiefseesedimente (Flysch) im nördlichen Apennin, aufgebaut aus einzelnen Trübestromen (Turbiditen). Aus ähnlichen Sedimenten sind durch Metamorphose die Kalkglimmerschiefer der Oberen Schieferhülle entstanden.

Abb. 17: Detailaufnahme klastischer Tiefseeablagerungen (Turbidite) aus dem nördlichen Apennin in Form feinkörniger, kalkiger Sandsteine, teilweise horizontalgeschichtet (rechts im Bild), teilweise mit synsedimentären Deformationsstrukturen, entstanden durch Entwässerungsvorgänge (links im Bild). Aus ähnlichen Sedimenten sind die Kalkglimmerschiefer hervorgegangen.

Abb. 18: Dünnschliffaufnahme eines fossilreichen Rotkalkes aus dem unteren Jura (Lias) der Nördlichen Kalkalpen südlich von Lofer. Der Kalk enthält zahlreiche Schalenbruchstücke von Muscheln und Schnecken sowie Crinoidenstielglieder. In der Bildmitte ist die durchgeschnittene Schale eines Ammonitengehäuses erkennbar. Werden solche Kalke metamorph überprägt, kommt es zu einer starken Umkristallisation, wobei die Fossilreste zerstört werden. Aus dem Kalk entsteht ein Marmor.

Je nach Zusammensetzung werden verschiedene Sandsteintypen unterschieden: Arkosen (feldspatreiche Sandsteine), Grauwacken (reich an Gesteinsbruchstücken und Feldspäten), lithische Arenite (reich an Gesteinsbruchstücken), Quarzarenite (reich an Quarz).

Lockersedimente werden durch Diageneseprozesse, die unmittelbar nach der Sedimentation einsetzen, zu einem Gestein verfestigt. Beispielsweise werden im Porenraum von Sanden aus den Porenwässern Zementminerale (Kalzit, Quarz) ausgefällt, die das Sediment verfestigen.

Chemische Sedimente

Diese entstehen durch anorganische Ausfällung aus Meerwasser oder in einem See (z. B. Steinsalz, Gips, Anhydrit, auch Kalk).

Chemisch-biogene Sedimente

Der Hauptanteil der Karbonatgesteine entsteht primär in Form von Kalk (Kalzit und Aragonit) durch Anhäufung von kalkigen Organismenresten (Schalenreste von Muscheln, Schnecken, Brachiopoden, Foraminiferengehäuse, Reste von Seelilien usw.) nach dem

Abb. 19: Dünnschliffaufnahme eines Foraminiferenkalkes aus dem Tertiär (Eozän, Steinbruch bei Wietersdorf, Kärnten).

Absterben am Meeresboden (Abb. 18, 19). Karbonatsedimente entstehen vor allem in den warmen, flachen Meeresbereichen (Schelf) in Form von Riffen (v.a. Korallenriffe; Abb. 20), Riffschuttbereichen, Lagunen usw. Aber auch am Kontinentalabhang und in tieferen Meeresbereichen können karbonatische und kieselige Sedimente gebildet werden (Knollenkalke, Kieselkalke).

Mit Hilfe des Fossilinhaltes, der entweder im Dünnschliff oder durch Herauslösen aus dem Gestein mit Säuren erfasst und bestimmt werden kann, sind Aussagen über den ursprünglichen Ablagerungsraum (Wassertiefe, Temperaturen, Salinität, Strömungsverhältnisse etc.) möglich.

Eine wichtige Rolle spielen kalkproduzierende bzw. kalkabscheidende Organismen wie z. B. Korallen, die zusammen mit Kalkalgen und anderen Biogenen oft ausgedehnte Riffkomplexe aufbauen.

Durch Diageneseprozesse werden aus unverfestigten Kalksedimenten, vor allem durch Ausfällung von Kalzitzement im Porenraum, feste Kalkgesteine, die in einem späteren Stadium der Diagenese auch zu Dolomit umgewandelt werden können.

Aus kieseligen Organismenresten (Radiolarien, Kieselschwämme) können in tieferen Meeresbereichen kieselige Sedimente entstehen („Radiolarienschlämme“). Auch aus solchen Sedimenten lassen sich die Mikrofossilien (z. B. Radiolariengehäuse) herauslösen. Damit kann einerseits das Alter der Sedimente, andererseits auch die ungefähre Wassertiefe, in der das Sediment ursprünglich abgelagert wurde, angegeben werden.

Pyroklastische Sedimente

Dabei handelt es sich um vulkanische Lockerprodukte wie Asche, Lapilli, vulkanische Bomben usw., die während explosiver Tätigkeit aus

Abb. 20: Riffkalk mit Korallenstöcken, Jura (Steinbruch bei Adnet, Salzburg).

einem Vulkanschlot herausgeschleudert werden und sich im Umkreis eines Vulkanes ablagern. Solche Ablagerungen liefern wichtige Hinweise auf die Art der vulkanischen Tätigkeit im Laufe der Erdgeschichte.

Besonders am Festland, aber auch im flachmarinen Bereich, werden die Sedimentationsprozesse in starkem Maße vom Klima gesteuert. Bestimmte Sedimente entstehen nur unter bestimmten klimatischen Bedingungen (z. B. Moränen, äolische Wüstensedimente, Korallenriffe), sodass umgekehrt aus den Sedimenten Rückschlüsse auf den damaligen Ablagerungsraum, auf die Sedimentationsbedingungen und klimatischen Verhältnisse gemacht werden können.

3 Die geologischen Baueinheiten

Für den geologischen Bau der Ostalpen, insbesondere den Deckenbau, bilden die Hohen Tauern eine Schlüsselstelle. Vor nunmehr 100 Jahren wurde in den Hohen Tauern mit der Entdeckung des „Tauernfensters" der Deckenbau erkannt.

In den Hohen Tauern tritt das tiefste tektonische Stockwerk, das Penninikum, unter den ostalpinen Decken fensterartig zutage. Das Penninikum ist eine westalpine Gesteinseinheit, die in den Ostalpen unter den ostalpinen Gesteinseinheiten verborgen liegt und nur stellenweise in sogenannten „tektonischen Fenstern" zum Vorschein kommt.

Ein solches tektonisches Fenster ist das Tauernfenster, das durch die kuppelartige Aufwölbung der Hohen Tauern und dadurch bedingten Abschiebung und Abtragung der darüberliegenden ostalpinen Gesteine entstanden ist.

Im Tauernfenster (Penninikum) werden folgende Gesteinseinheiten auseinander gehalten: Die Gesteine des „Alten Daches" und der Habachserie bilden gleichzeitig die ältesten Gesteinseinheiten. In diese intrudierten im Jungpaläozoikum in Form von Plutonen granitische Schmelzen, die heute als Zentralgneise vorliegen. Die jüngsten Gesteine des Tauernfensters sind metamorph überprägte Meeresablagerungen und basische Vulkanite aus dem Zeitabschnitt Perm–Kreide, die als Obere Schieferhülle zusammengefasst werden. Die Gesteine des Tauernfensters tauchen nach allen Seiten unter die ostalpinen Gesteinseinheiten ab und werden von diesen umrahmt: im Süden von mächtigen Altkristallinserien der Reißeck-, Kreuzeck-, Sadnig- und Schobergruppe sowie der Defereggér Alpen. Diese Altkristallingesteine werden dem mittelostalpinen Deckenstockwerk zugerechnet. Im Westen bis Nordwesten, auch im Osten und Nordosten liegen auf dem Penninikum des Tauernfensters unterostalpine Gesteinsserien der Tarntaler Berge und Radstätter Tauern, im Norden grenzen an der markanten Salzachtalstörung direkt oberostalpine Gesteine der Nördlichen Grauwackenzone an das Penninikum (siehe Abb. 21).

In den folgenden Abschnitten werden zunächst die einzelnen Gesteinseinheiten des Nationalparks Hohe Tauern vorgestellt (Tauernfenster mit „Altem Dach", Habachserie, Zentralgneis, Obere Schieferhülle mit Matreier Zone sowie Altkristallin der Schobergruppe und der Defereggér Alpen), anschließend wird der geologische Bau dieses Gebietes kurz erläutert und die alpidische Gebirgsbildung diskutiert.

3.1 Das Tauernfenster

Das Tauernfenster erstreckt sich mit einer Länge von rund 160 km von der Brennerfurche im Westen bis zur Katschbergfurche im Osten und weist eine Breite von ungefähr 30 km auf, umfasst somit die Gebirgsgruppen der Hohen Tauern sowie die Zillertaler und Tuxer Alpen (siehe Abb. 21).

3.1.1 Die Gesteine des „Alten Daches"

Unter dem „Alten Dach" werden bereits vor der alpidischen Gebirgsbildung verfaltete und metamorph überprägte Kristallingesteine zusammengefasst, in die im Oberkarbon - Unterperm die heute als Zentralgneise vorliegenden Granitoide als Gesteinsschmelze eingedrungen und zu Plutonen erstarrt sind.

Es handelt sich dabei um einen Gesteinskomplex aus verschiedenen Paragneisen und Granatglimmerschiefern (ursprünglich altpaläozoische

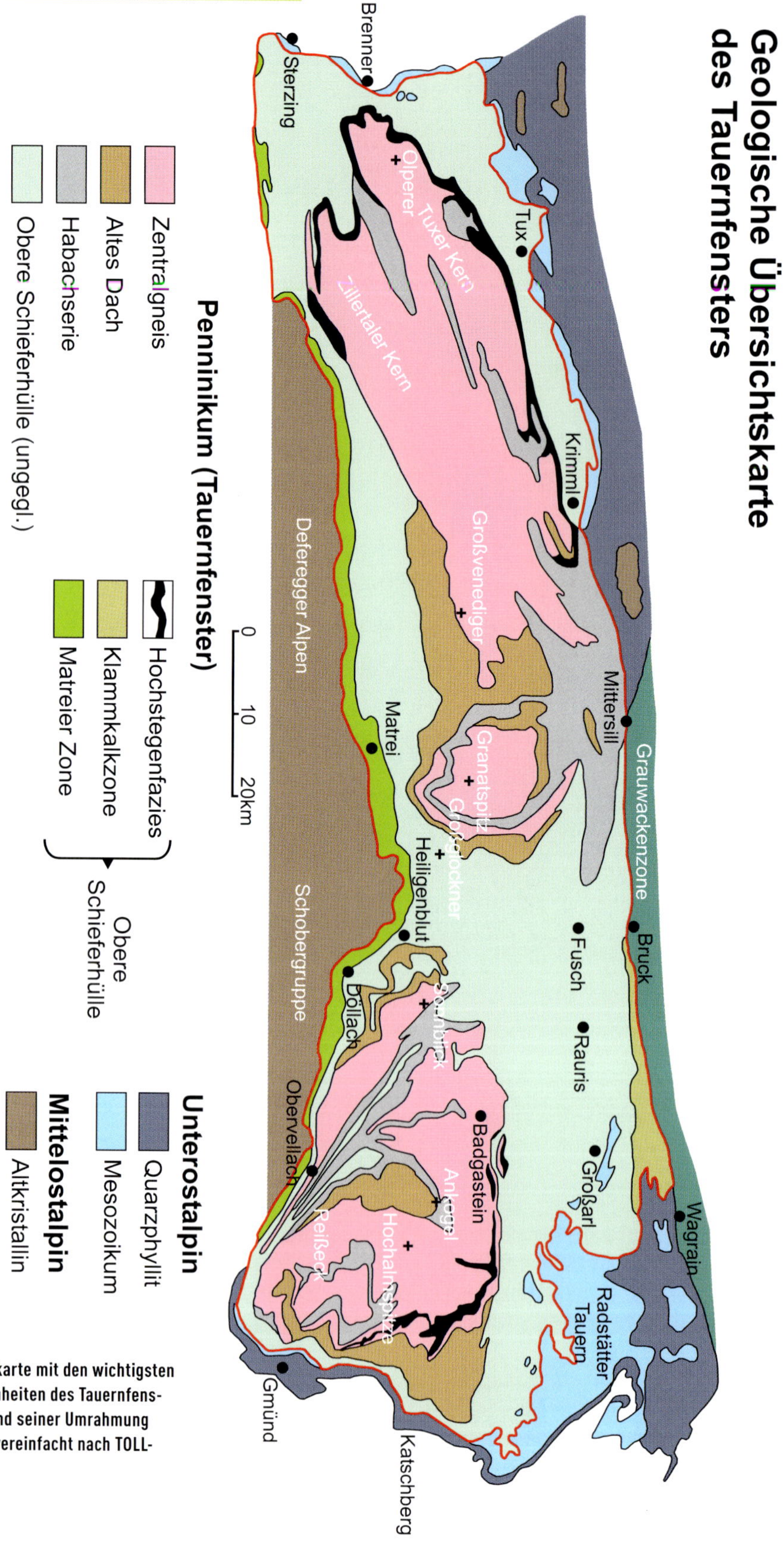

Abb. 21: Übersichtskarte mit den wichtigsten geologischen Baueinheiten des Tauernfensters (Penninikum) und seiner Umrahmung (umgezeichnet und vereinfacht nach TOLLMANN 1977).

Abb. 22: Gefaltete migmatitische Zweiglimmergneise des Alten Daches, aufgeschlossen an der Maltatalstraße (Kehre bei P. 1365 m).

oder noch ältere klastische Sedimente), häufig granatführenden Amphiboliten (ursprünglich basische Vulkanite), Migmatiten und Orthogneisen (Plagioklasgneisen) (siehe Abb. 22–27).

Die sogenannte „Serie der alten Gneise“ wird ebenfalls zum Alten Dach gerechnet.

Aus Gesteinen des Zwölferzuges (zwischen Stubach- und Felbertal) konnten beispielsweise zwei verschiedene metamorphe Mineralparagenesen nachgewiesen werden: Eine ältere, voralpidische Mineralparagenese entstand unter Temperaturen von ungefähr 550 °C und relativ niedrigen Drucken von ungefähr 4–5 kb (Amphibolitfazies). Die jüngere, alpidische Metamorphose hat dagegen nicht mehr so hohe Temperaturen erreicht. Mit radiometrischen Altersdatierungen konnte eine variszische Metamorphose mit einem Alter von rund 313 Mill. Jahren (Oberkarbon) nachgewiesen werden.

Aufgrund der Überprägung durch die alpidische Metamorphose ist allerdings in vielen Fällen eine ältere Metamorphose in den Gesteinen des Alten Daches heute nicht mehr nachweisbar.

Abb. 23: Migmatitischer Gneis (obere Bildhälfte) und Amphibolite (untere Bildhälfte) des Alten Daches, hinteres Kleinelendtal (Hochalmspitz-Ankogelgruppe).

Abb. 24: Dünnschliffaufnahme des migmatitischen Zweiglimmergneises (Probe vom Aufschluss, Abb. 22), zusammengesetzt aus Biotit, Muskowit (bunte, längliche Minerale), Quarz und etwas Feldspat (Mineralkörner in verschiedenen Grautönen). Aufgenommen unter polarisiertem Licht, Bildausschnitt ca. 8 x 5 mm.

Abb. 25: Aplitisch durchäderte Gneise des Alten Daches (Venediger Gruppe, südlich der Alten Prager Hütte).

Abb. 26: Amphibolit bestehend aus großen Hornblenden (bräunlich-grünliche Farbtöne) sowie in kleinen Körnern etwas Quarz, Plagioklas, Hellglimmer, Epidot. Größere Flecken von Kalzit sind ebenfalls enthalten. Probe stammt vom Aufschluss Abb. 23. Dünnschliffaufnahme bei nicht polarisiertem Licht, Bildausschnitt ca. 8 x 5 mm.

Abb. 27: Grobkörniger Amphibolit aus dem Alten Dach. Block im Talschluss des Kleinelendtales (Hochalmspitz-Ankogelgruppe).

Hochinteressant sind Abdrücke von fossilen Pflanzenresten in Graphitschiefern, die Mitarbeiter der geologischen Bundesanstalt 1997 im Maurertal entdeckten. 2 km nördlich der Rostocker Hütte quert ein Graphitschieferzug, der vom Mittleren Maurerkeeskopf zum Großen Happ verfolgbar ist, das Maurertal. Die Graphitschiefer sind muldenartig in die Altkristallingesteine am Südrand des Venedigerkernes eingefaltet. In den Graphitschiefern sind auch geringmächtige Quarzkonglomerate und Arkosegneise (metamorph überprägte feldspatführende Sandsteine) eingeschaltet. Die Graphitschiefer enthalten noch erstaunlich gut erhaltene Pflanzenabdrücke, die sogar noch bestimmt werden konnten, wie *Calamites, Cyperites, Lepidodendron, Pecopteris, Alethopteris, Neuropteris, Cordaites.* Die Pflanzenfossilien erlauben eine zeitliche Einstufung der Graphitschiefer in das Oberkarbon (Steinkohlenzeit). Die Graphitschiefer wurden nach der variszischen Gebirgsbildung auf den Altkristallingesteinen als kontinentale Sedimente abgelagert und im Zuge der alpidischen Gebirgsbildung metamorph überprägt. Ähnliche Sedimentgesteine aus dem Oberkarbon mit zahlreichen und sehr gut erhaltenen Pflanzenresten sind in den Nockbergen (Königstuhl – Stangnock) aufgeschlossen.

Zum Alten Dach zählen der schon erwähnte Zwölferzug zwischen Stubach- und Felbertal sowie die Greinerserie im Westabschnitt der Hohen Tauern, die aus einer Abfolge von Serpentiniten (ursprünglich Harzburgite, Klinopyroxenite), Amphiboliten (ehemalige Ozeanbodenbasalte), Garbenschiefern (ehemals vermutlich eine vulkanisch-sedimentäre Gesteinsabfolge) und hellen Gneisen aufgebaut ist. Weiters zählen dazu die alten Gneise im Südteil der Oberen Schieferhülle über dem Granatspitzkern, die Storzserie und Kareckserie am Nordostende der Hohen Tauern (Hafnergruppe) sowie Altkristallingesteine innerhalb der Ankogelgruppe.

3.1.2 Die Habachserie

Die Habachserie, benannt nach dem Habachtal (Typuslokalität), umfasst eine erstmals von G. Frasl 1958 definierte Abfolge niedrigmetamorpher altpaläozoischer Gesteine der „Schieferhülle", die teils noch im Verband mit den Zentralgneisen stehen und als Geosynklinalfüllung gedeutet wurden. Die Gesteine der Habachserie wurden früher, zusammen mit Gesteinen des Alten Daches, auch als untere, ältere oder kalkarme Schieferhülle bezeichnet.

Im Bereich der Scheelitlagerstätte im Felbertal wurde im Rahmen einer jüngst durchgeführten detaillierten Untersuchung die Habachserie in drei Abfolgen gegliedert:
a) Basisschieferfolge (Eiserfolge)
b) Untere Magmatitabfolge (Ophiolithabfolge)
c) Obere Magmatitabfolge (Inselbogenabfolge).

Die **Basisschieferfolge** besteht aus graphitischen, metamorph überprägten Tonschiefern und Sandsteinen, in die metamorph überprägte Magmatite (Biotitschiefer, Amphibolite, Hornblendite und Gneise) eingeschaltet sind (Abb. 29).

Die **Untere Magmatitabfolge** ist am besten im Bereich Felbertal – Hollersbachtal - Habachtal erhalten, teilweise sind in den Gesteinen noch die primären Strukturen erkennbar. Die Gesteinsabfolge beginnt mit isolierten Serpentinitlinsen an der Basis, stellenweise sind Hornblendite entwickelt (ursprünglich vermutlich Klinopyroxenite). Auch grobkörnige Amphibolite (vermutlich aus Gabbros entstanden) sind bekannt.

Darüber folgen Prasinite und Amphibolite, die als metamorph überprägte Ozeanbodenbasalte gedeutet werden. Im Habachtal sind stellenweise noch basaltische Gänge (Sheeted Dike Komplex) und Pillow-Basalte erkennbar.

Diese Gesteinsabfolge repräsentiert eine fossile ozeanische Kruste (Ophiolithabfolge), geochemische Untersuchungen weisen darauf hin, dass diese Ophiolithabfolge ursprünglich in einem Randmeeresbecken entstanden ist.

Die **Obere Magmatitabfolge** besteht aus metamorph überprägten Vulkaniten in Form von basischen, intermediären und sauren Laven und Tuffen (Basalte, Andesite, Rhyolithe). Diese liegen heute als Prasinite, epidotreiche Prasinite, Epidot-Albit-Gneise und Albitgneise vor (Abb. 28, 30). Vereinzelt sind sogar noch Mandelsteinlaven erkennbar.

Abb. 28: Verfaltete Biotit-Chlorit-Gneise und Grünschiefer mit hellen Lagen von Albitgneis, Habachserie, Bergbau Hochfeld. (Johann Lerch)

Abb. 28a: Detailansicht von Abb. 28, Habachserie, Bergbau Hochfeld.

Abb. 29: Biotitschiefer, Habachserie, Felbertal.

Abb. 30: Albitgneis mit verfalteten Quarzlagen, Habachserie, Felbertal.

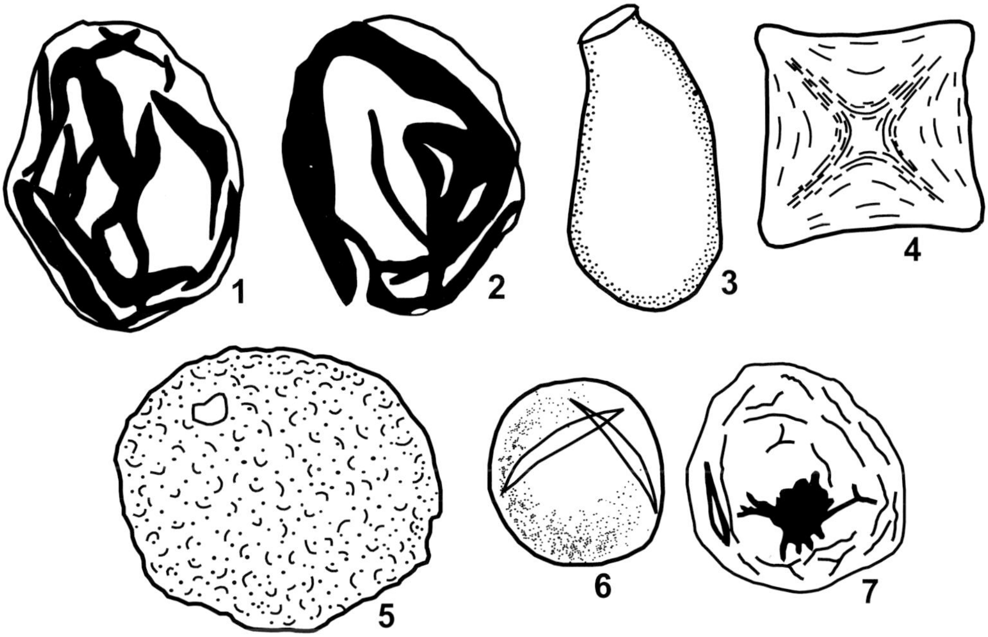

Abb. 31: Nannofossilien aus Schwarzphylliten der Habachserie zwischen Wildgerlostal und Krimml (umgezeichnet nach REITZ, DANECK & MILLER 1989).
1) Leiosphaeridia asperata, 2) Kildinosphaera cf. chagrinata, 3) Melanocyrilium sp., 4 Octoedryxium truncatum, 5) Trachysphaeridium sp., 6) Leiosphaeridium sp., 7) Nucellosphaeridium sp. (3 = „Vasenförmiges Mikrofossil" unsicherer systematischer Stellung, alle anderen sind Acritarchen).

Die Gesteine sind an bestimmten Spurenelementen wie Zirkonium, Titan, Phosphor und Cer relativ angereichert. Dies weist darauf hin, dass die Gesteine ursprünglich im Bereich einer Subduktionszone in Form von „Inselbogenvulkaniten" auf kontinentaler Kruste (ähnlich wie heute in den Anden) entstanden sind.

Über diesen metamorph überprägten Vulkaniten folgen helle und dunkle Phyllite (Habachphyllite), die ursprünglich vermutlich als feinkörnige Tiefseesedimente abgelagert wurden.

Charakteristisch für die Habachserie ist das weitgehende Fehlen von Karbonatgesteinen. Es sind lediglich geringmächtige Linsen von Eisendolomit und Ankerit bekannt, die immer an Grüngesteine (ehemalige Vulkanite) gebunden sind.

Auch geringmächtige Kalkmarmorlagen, die auf der Achselalpe im Hollersbachtal eine Pb-Zn-Vererzung enthalten, kommen vor.

Das Hauptverbreitungsgebiet der Habachserie liegt am Nordrand der Hohen Tauern zwischen Kapruner Tal und Krimmler Achental. In diesem Bereich sind die Gesteine nur schwach metamorph überprägt (Grünschieferfazies).

Nach Süden, zum Tauernhauptkamm hin, nimmt der Metamorphosegrad der Gesteine zu und erreicht die Amphibolitfazies (Granatphyllite, Biotitporphyroblastenschiefer, Amphibolite). Diese höhermetamorphen Gesteine der Habachserie sind auch nur schwer von den Gesteinen des Alten Daches zu unterscheiden. Daher wird beispielsweise die Greinerserie teils zum Alten Dach, teils zur Habachserie gerechnet, ebenso die Storzserie in den östlichen Hohen Tauern. Die Gesteine der Schönachmulde (Westabschnitt) und Seebachmulde (Ostabschnitt der Hohen Tauern) werden ebenfalls zur Habachserie gerechnet.

Während der alpidischen Metamorphose wurden am Tauernnordrand Temperaturen von 400–450 °C und im Zentralbereich der Hohen Tauern bis 550 °C und 6 kb erreicht.

An verschiedenen Gesteinen der Habachserie wurden auch radiometrische Altersdatierungen mit der U/Pb-Methode durchgeführt. Diese ergaben für basische Metavulkanite der unteren Magmatitabfolge ein Alter von 500–540 Mill. Jahren (Grenzbereich Kambrium-Ordovizium), für saure Metavulkanite der oberen Magmatitabfolge 350–360 Mill. Jahre (Devon – Unterkarbon) und für saure Metavulkanite aus den östlichen Hohen Tauern ein Alter von rund 600 Mill. Jahren (jüngstes Präkambrium).

Aus feinkörnigen metamorphen Sedimenten (Habachphylliten) konnten Mikrofossilien (Acritarchen) nachgewiesen werden, die ebenfalls jüngstes Präkambrium (Vendium) anzeigen und somit die radiometrischen Altersdaten weitgehend bestätigen.

Acritarchen sind eine künstliche Fossilgruppe, in der verschiedene Nannofossilien unbekannter systematischer Stellung zusammengefasst werden. Es handelt sich um sehr kleine, marine Fossilreste von vermutlich planktonischen Lebewesen mit einer Größe von 10–50 µm. Die Wand der Fossilreste ist oft mehrschichtig und besteht aus sehr widerstandsfähigen organischen Verbindungen, die Oberfläche ist skulpturiert (Abb. 31). Acritarchen sind seit dem Präkambrium bekannt.

3.1.3 Der Zentralgneis

Zentralgneis ist ein Sammelbegriff für spätvariszisch, im Oberkarbon-Unterperm, in Gesteine des Alten Daches und der Habachserie aus der Tiefe eingedrungene und zu Plutonen erstarrte granitische Schmelzen (Abb. 32).

Diese Plutone wurden während der alpidischen Gebirgsbildung verschiefert und metamorph überprägt, liegen daher heute als verschiedene Gneise („Zentralgneise“) vor. Teilweise ist das granitische Gefüge noch erhalten.

Zentralgneise granodioritischer bis granitischer Zusammensetzung überwiegen, daneben kommen auch tonalitische und syenitische Gneise vor. Aus dem westlichen Tauernfenster sind auch Diorite und Gabbros bekannt.

Die Intrusion der Zentralgneise erfolgte in mehreren Phasen (siehe Abb. 33):

a) In einer ersten Hauptphase intrudierten Schmelzen, die zu Granodioriten, Grobkorngraniten und „Flaser-Augengneisen“ erstarrten.
b) In einer darauffolgenden Phase intrudierten tonalitische Schmelzen.
c) In einer weiteren Phase sind saure Schmelzen eingedrungen, die zu hellen Graniten erstarrt sind,
d) und in einer Spätphase wurden alle Gesteine von verschiedenen Gängen (Aplite, Pegmatite, Kersantite) durchschlagen.

Die Zentralgneise treten in Form von „Kernen“ im zentralen Bereich der Hohen Tauern auf:

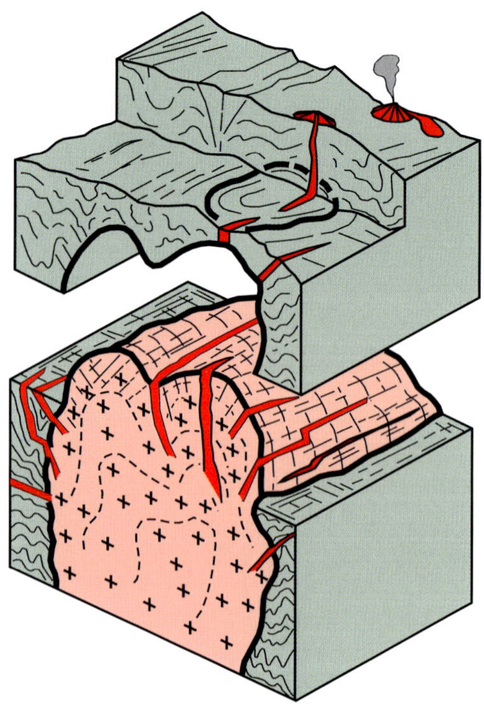

Abb. 32: Schematische Darstellung eines Granitplutons, der als Schmelze in die Erdkruste eingedrungen und erstarrt ist. Durch Verwitterung und Erosion der darüberliegenden Gesteine kann im Laufe der Zeit der Pluton freigelegt werden. Auf diese Weise sind die Zentralgneiskerne im Tauernfenster entstanden.

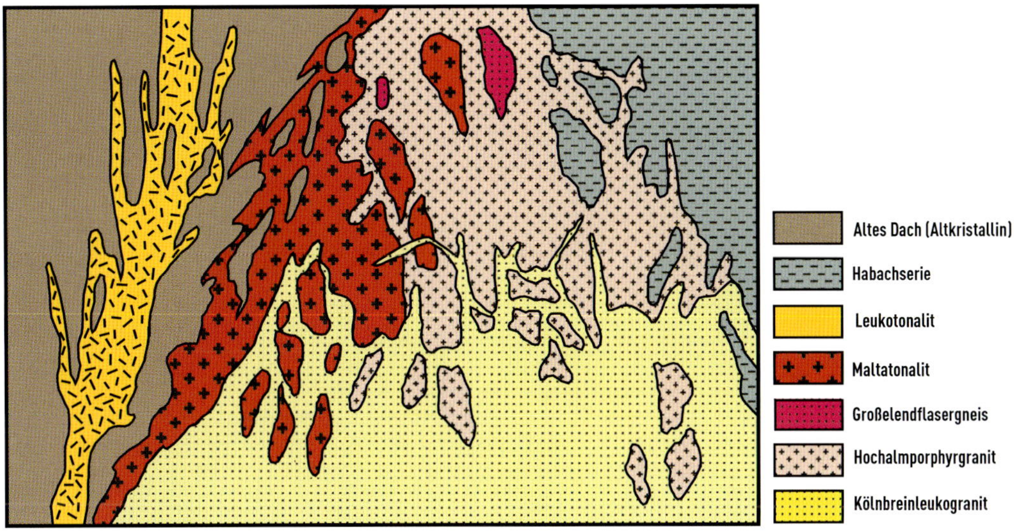

Abb. 33: Schematische Darstellung der Intrusionsabfolge granitischer Schmelzen in Gesteine des „Alten Daches" und der Habachserie im Bereich des Maltatales. Als Erstes intrudierte der Großelendflasergranit, als Letztes der Kölnbreinleukogranit (umgezeichnet nach HOLUB & MARSCHALLINGER 1989).

a) Im Westabschnitt des Tauernfensters sind es Zillertaler Kern, Tuxer Kern und Ahorn-Kern,
b) im Zentralabschnitt Großvenediger Kern und Granatspitz-Kern
c) sowie Sonnblick-Kern und Badgastein-Hochalmspitz-Kern im Ostabschnitt.

Der Intrusionsverband zum Alten Dach und zur Habachserie ist im östlichen Tauernfenster, im Bereich des Maltatales und der Ankogelgruppe erhalten geblieben und eindrucksvoll aufgeschlossen.

In der Umgebung des Maltatales besteht das Alte Dach aus migmatitischen Paragneisen und metamorphen Vulkaniten. In dieses Alte Dach intrudierten zunächst Monzonit- und Syenitkörper sowie der Großelendflasergranit. Als Nächstes ist der Maltataltonalit eingedrungen. Radiometrische Altersdatierungen ergaben ein Intrusionsalter von rund 315 Mill. Jahren (Oberkarbon). In einer jüngeren Phase intrudierte der Hochalmporphyrgranit und zuletzt der Kölnbreinleukogranit. In einer Spätphase wurden die Gesteine von Leukogranitgängen durchschlagen (Abb. 33–42).

Die granitischen Schmelzen sind vermutlich durch Aufschmelzungsprozesse in spätvariszischer Zeit in der tieferen Erdkruste entstanden und dann in seichte Krustenteile (Altes Dach, Habachserie) eingedrungen und erstarrt. Im Kontaktbereich Schmelze – Altes Dach wurden auch die Gesteine des Alten Daches teilweise aufgeschmolzen, was zur Entstehung von Migmatiten (Mischgesteinen) geführt hat: Schollen des nicht vollständig aufgeschmolzenen Alten Daches schwimmen am Rande der Intrusivkörper in den granitischen Gesteinen.

Die meisten radiometrisch ermittelten Intrusionsalter fallen in den Zeitraum zwischen 270 und 310 Mill. Jahre (Oberkarbon–Unterperm). In diesem Zeitraum kam es in Mitteleuropa verbreitet zu Aufschmelzungsprozessen und Ausdünnung der Erdkruste durch Dehnung, was nicht nur zum Aufdringen von Plutonen (z. B. auch im Schwarzwald und an anderen Stellen), sondern auch zu weit verbreiteter vulkanischer Tätigkeit geführt hat. Als Beispiel können die unterpermischen Vulkanite der Südalpen (Bozener Quarzporphyr), der Ostalpen (Mittelkärnten, Gailtaler Alpen, Montafon) oder des mitteldeutschen Raumes angeführt werden.

Früher hat man die Intrusion der „Zentralgneise" teilweise als alpidisch betrachtet. Allerdings belegen die diskordant auf granitischen Gesteinen der „Zentralgneise" auflagernden

Abb. 34: Schollenmigmatit im Kontaktbereich Altes Dach – Zentralgneis (Galgenbichl, Maltatal).

Abb. 35: Schollenmigmatit, dunkelgraue Schollen aus dem Alten Dach schwimmen in hellen Granitgneisen. Kölnbreinsperre, Maltatal.

Abb. 36: Hochalmporphyrgranit, aufgeschlossen im Großelendtal in der Umgebung der Osnabrücker Hütte.

Abb. 37: Maltatonalit mit nicht aufgeschmolzenen Schollen aus dem Alten Dach. Felsblock, aufgestellt vor dem Turm bei der Kölnbreinsperre im Maltatal.

Abb. 38: Mittelkörniger Maltatonalit bestehend aus dunklen Gemengteilen in Form von überwiegend Biotit sowie etwas Orthit und Titanit und hellen Gemengteilen (Plagioklas, Quarz und selten Kalifeldspat). Mikroskopische Dünnschliffaufnahme, polarisiertes Licht, Bildausschnitt ca 10 x 6 mm.

Abb. 39: Migmatite (Altes Dach) mit gangförmiger Granitintrusion (grobkörniger Leukogranit; verläuft im Bild von rechts unten nach links oben), Maltatal.

Abb. 40: Grobkörniger Leukogranit bestehend aus Quarz und leicht zersetzten Feldspäten (Kalifeldspäte und Plagioklase) und einzelnen Hellglimmern (blau). Probe stammt aus dem Gang in Abb. 39. Mikroskopische Dünnschliffaufnahme, polarisiertes Licht. Bildausschnitt ca. 11 x 7 cm.

Abb. 41: Kölnbreinleukogranit, pegmatitisch durchädert, Steinbruch westlich vom Parkplatz der Kölnbreinsperre (Maltatal).

Abb. 42: Kölnbreinleukogranit, von mehreren aplitisch-pegmatitischen Ganggenerationen durchschlagen. Westseite des Kölnbrein-Stausees (Maltatal).

permoskythischen metamorphen Sedimente der Oberen Schieferhülle (Wustkogelserie), dass die Intrusion vor Ablagerung dieser Sedimente erfolgt ist. In der Oberen Schieferhülle fehlen auch die aplitischen und pegmatitischen Gänge, die während der Spätphase der Intrusion entstanden sind.

Während der alpidischen Gebirgsbildung wurden die granitischen Intrusionskörper metamorph überprägt bei Temperaturen von ungefähr 550–600 °C und Drucken von 5 kb und mehr (Amphibolitfazies). Die Gesteine sind teilweise nicht verschiefert, werden dann als Metatonalite, Metagranite etc. bezeichnet, in den meisten Fällen sind sie jedoch stark verschiefert und liegen als Granitgneise, Tonalitgneise, Granodioritgneise etc. vor, daher werden sie auch unter dem Begriff „Zentralgneise“ zusammengefasst.

Die Zentralgneise (Orthogneise) sind manchmal schwer von Paragneisen (aus grobkörnigen Sedimenten entstandenen Arkosegneisen) oder Porphyroidgneisen (aus intermediären Vulkaniten entstanden) zu unterscheiden.

Die Zentralgneiskerne hat man früher für ortsfest (autochthon) gehalten. Inzwischen wurde nachgewiesen, dass auch die Zentralgneise von den alpidischen Gebirgsbewegungen stärker erfasst und teilweise in Form von Decken auf Gesteine der Schieferhülle aufgeschoben wurden. Teilweise treten die Zentralgneise als tektonisch ausgewalzte Gesteinszüge auf, auf der Südseite der großen Kerne sind die Zentralgneise oft zu schmalen Lamellen tektonisch ausgedünnt. Diese starke Auswalzung und Ausdünnung ist auf die Überschiebung des Tauernfensters durch die ostalpinen Decken zurückzuführen.

3.1.4 Die Obere Schieferhülle

Die Obere Schieferhülle, früher auch als jüngere oder kalkreiche Schieferhülle bezeichnet, setzt sich aus einer Abfolge metamorph überprägter klastischer und karbonatischer Sedimente und Vulkanite zusammen, die im Zeitraum Perm bis Kreide in einem ehemaligen Ozean entstanden sind.

Die Abfolge beginnt an der Basis mit klastischen Sedimenten, die heute als Quarzite (ursprünglich Quarzkonglomerate und Quarzsandsteine; Abb. 44), Metaarkosen und Arkosesandsteine (ursprünglich Arkosen = feldspatreiche Sandsteine) und phengitreiche Schiefer (ursprünglich eventuell saure Vulkanite oder Verwitterungsprodukte der Zentralgneise) vorliegen. Gröbere Lagen (ehemals Quarzkonglomerate) enthalten teilweise auch Quarzporphyrgerölle, die auf einen permischen Vulkanismus hinweisen.

Diese metamorphe klastische Sedimentabfolge wird als **„Wustkogelserie“** bezeichnet (siehe Abb. 43), benannt nach dem Wustkogel (Typuslokalität) in der Nähe der Scheitelstrecke der Großglockner Hochalpenstraße, und zeitlich in das Perm gestellt. Die Mächtigkeit dieser Abfolge

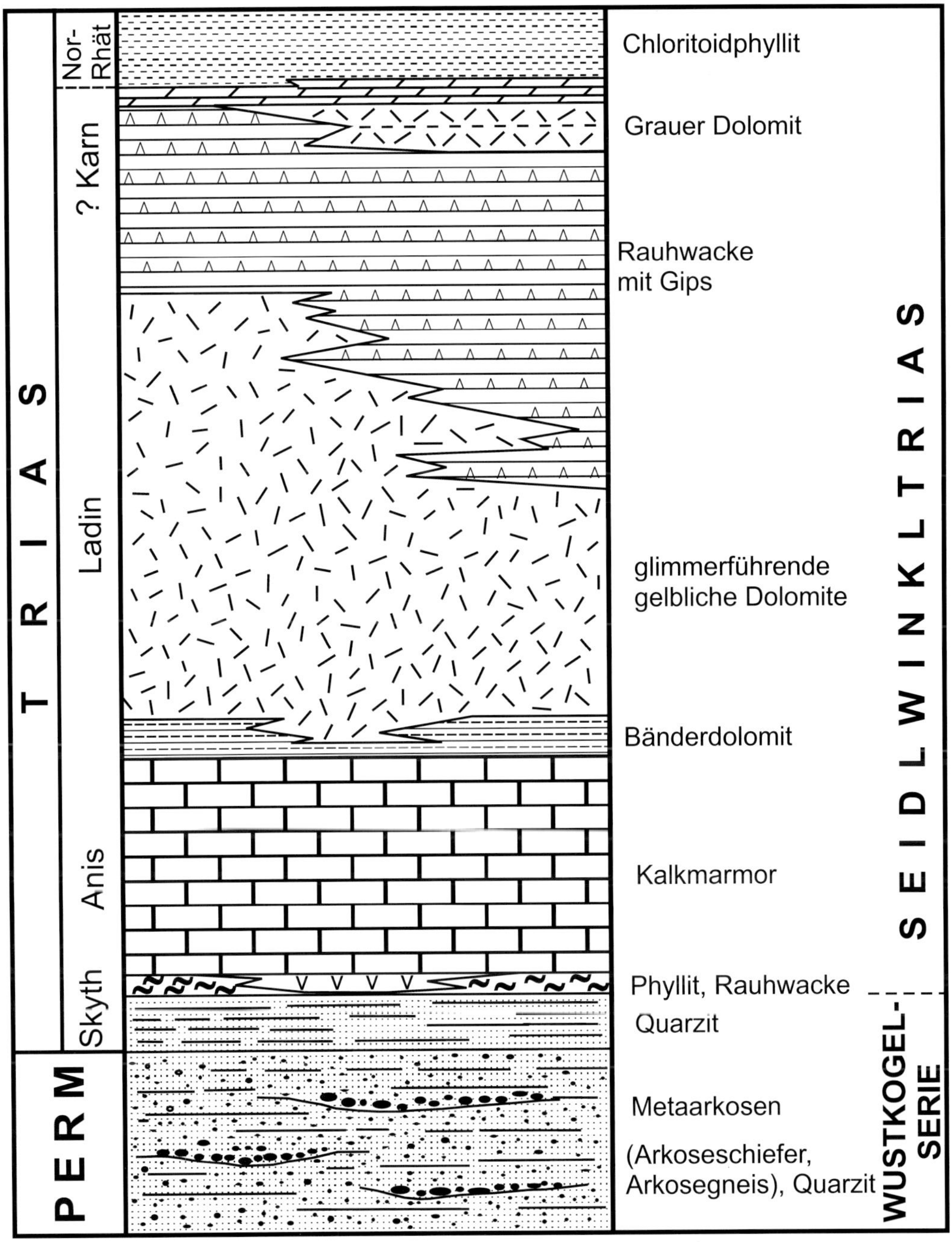

Abb. 43: Schematisches Säulenprofil durch die permotriadische Schichtfolge (Wustkogelserie und Seidlwinkltrias) des Penninikums (nach FRASL & FRANK 1964).

Abb. 44: Quarzit, verfaltet (metamorpher, quarzreicher Sandstein), aus der Wustkogelserie beim Fuschertörl.

beträgt meist nur rund 100 m. Aus dem Westabschnitt des Tauernfensters (Haupen-, Schlegeistal) sind auch bis zu 500 m mächtige, metamorphe, polymikte Konglomerate und Breccien mit eingeschalteten metamorphen Quarzporphyrlagen (saure Vulkanite) entwickelt. Das Geröllspektrum stammt vom lokalen Untergrund (Altes Dach, Habachserie, Zentralgneis). An der Basis sind Serpentinit-, Amphibolit-, Marmor- und Graphitschiefergerölle häufig, im mittleren Abschnitt Aplit- und Turmalinschiefergerölle und im oberen Teil dieser Abfolge Granit- und Kluftquarzgerölle. Diese metamorph überprägten grobkörnigen Sedimentgesteine werden von Biotit-Ankerit-Schiefern (ursprünglich rote Tonschiefer) überlagert.

Den Abschluss der Wustkogelserie bilden vielfach helle Quarzite, die als metamorphe Äquivalente des Alpinen Buntsandsteins aufgefasst und in die unterste Stufe der Trias (Skyth) gestellt werden.

Diese klastischen Sedimente wurden in Senken und Becken abgelagert, die durch Bruchtektonik im Anschluss an die variszische Orogenese und Intrusion der Zentralgneise einsetzte. Von den Hochbereichen und herausgehobenen Schollen wurde der Abtragungsschutt des Alten Daches, der Habachserie und schließlich auch der durch die Erosion allmählich freigelegten Granitoide (Zentralgneise) in die lokalen Senken transportiert und abgelagert, was zu einer allmählichen Einebnung des Reliefs führte.

Zu Beginn der Trias, im höheren Skyth und vor allem im Anis, wurde dann dieser Ablagerungsraum von einem flachen Schelfmeer (Tethys) überflutet und es gelangten evaporitische Sedimente (liegen heute als Rauhwacken vor), Kalke, Bänderkalke, Dolomite, Hornsteinknollenkalke und eine Abfolge reich an Gips zur Ablagerung (Abb. 45–47).

Gegen Ende der Trias wurden schließlich wieder verstärkt feinklastische Sedimente in ein flaches Meer eingeschüttet, die heute als Chloritoidschiefer und Chloritoidphyllite (Abb. 48–50), Quarzitschiefer und glimmerreiche dolomitische Schiefer vorliegen. Diese Gesteine sind den Quartenschiefern der Schweizer Alpen sehr ähnlich.

Abb. 45: Gebänderte Marmore aus der Seidlwinkltrias. Tauernkopf östlich vom Hochtor.

Die Triasabfolge der Hohen Tauern wird allgemein als **„Seidlwinkltrias“** bezeichnet, benannt nach dem Seidlwinkltal an der Ostseite der Scheitelstrecke der Großglockner Hochalpenstraße, wo diese Gesteine am besten aufgeschlossen sind (Abb. 43).

Mit Beginn des Jura führten verstärkt einsetzende tektonische Bewegungen zum Zerbrechen des breiten und flachen Schelfbereiches, der **„Penninische Ozean“** entsteht und damit Ablagerungen verschiedener Wassertiefen: flachmarine Ablagerungsbedingungen am Rande bis hin zu Tiefseebedingungen im entstehenden Ozeanbecken.

Entsprechend der unterschiedlichen Ablagerungsräume werden mit Beginn des Jura verschiedene Gesteinsausbildungen (Fazieszonen) unterschieden (siehe Abb. 51). Von Norden nach Süden sind dies:

Hochstegenfazies
Brennkogelfazies
Glocknerfazies
Fuscherfazies
Klammkalkfazies

Abb. 46: Rauhwacke (evaporitische Flachwassersedimente) aus der Seidlwinkltrias. Östlich vom Hochtor.

Abb. 47: Tauernkopf unmittelbar östlich vom Hochtor, aufgebaut aus gut gebanktem Marmor (ehemalige Flachwasserkalke) der Seidlwinkltrias.

Abb. 48: Chloritoidschiefer (metamorph überprägte siltig-tonige Sedimente der Seidlwinkltrias), Edelweißwand (an der Glockner Hochalpenstraße).

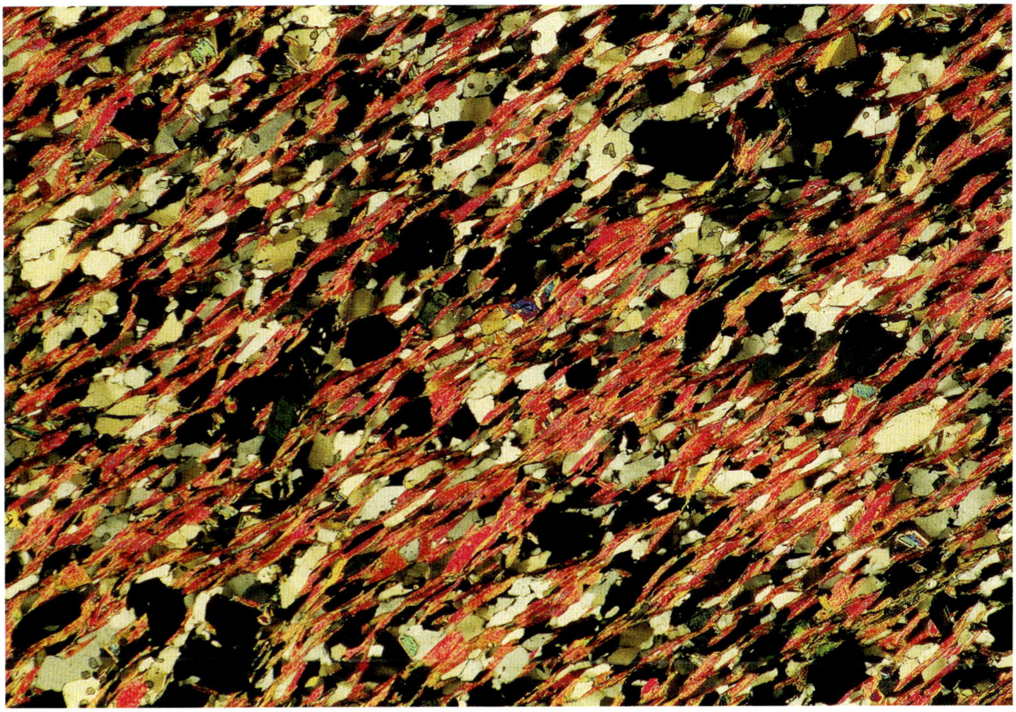

Abb. 49: Chloritoidschiefer bestehend aus eingeregelten Hellglimmerblättchen (bunt), Quarz (grau) und Chloritoid (dunkel). Mikroskopische Dünnschliffaufnahme, polarisiertes Licht, Bildausschnitt ca. 6 x 4 mm. Probe stammt vom Aufschluss Abb. 48.

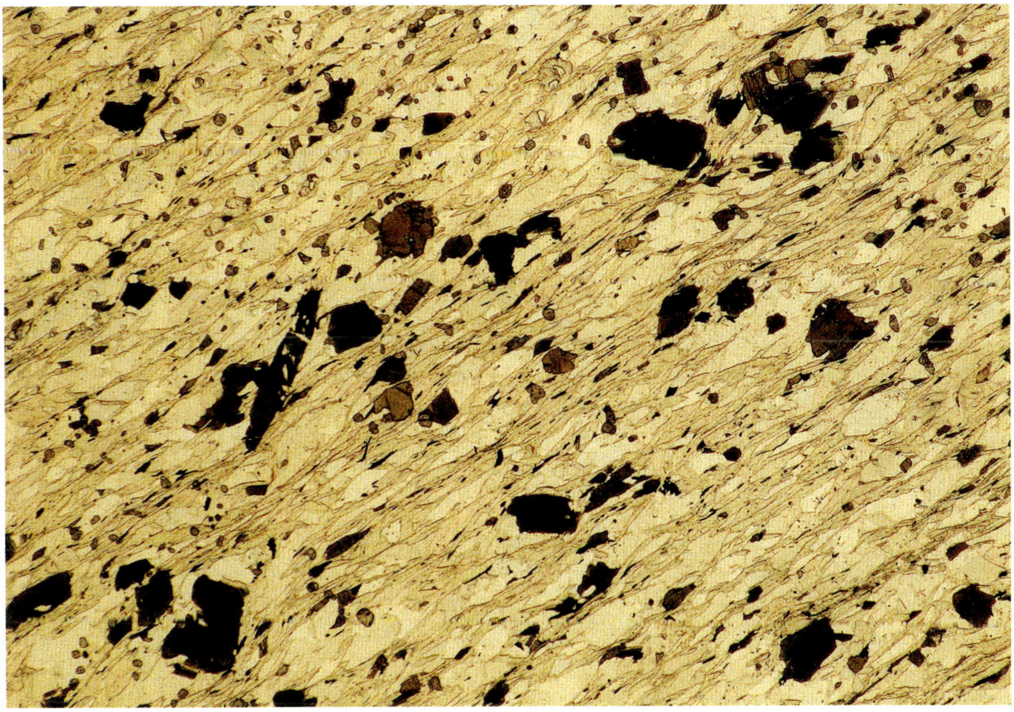

Abb. 50: Wie Abb. 49, jedoch nicht polarisiertes Licht. Dunkle Komponenten = Chloritoid.

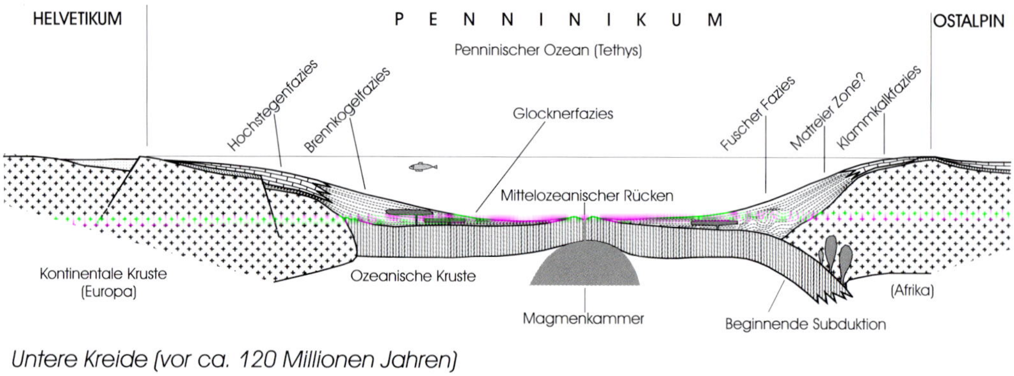

Abb. 51: Schematischer Schnitt durch das Penninikum mit dem Penninischen Ozean und den einzelnen Fazieszonen zur Zeit der unteren Kreide.

Abb. 52: Dolomitbreccie („Brennkogelbreccie"), entstanden aus submarinem Murschuttstrom am ehemaligen Abhang zur Tiefsee (Brennkogelfazies, Profil Hochtor-Margrötzenkopf).

Hochstegenfazies

Am Nordrand des penninischen Ablagerungsraumes kam es zu Beginn des Jura zu lokalen Heraushebungen, was stellenweise zur Abtragung der im Perm und in der Trias abgelagerten Sedimentgesteine führte. An diesen Stellen liegen direkt auf dem Zentralgneis geringmächtige Quarzite („Hochstegenquarzite") des unteren Jura, die von Kalkmarmoren („Hochstegenkalk") überlagert werden. Aufgrund spärlicher Fossilfunde (Ammonit, Radiolarien) kann der Hochstegenkalk zeitlich in den Malm (oberer Jura) eingestuft werden. Hochstegenquarzit und Hochstegenkalk werden insgesamt bis zu 100 m mächtig.

Über dem Hochstegenkalk liegen leicht metamorphe klastische Sedimente (Schwarzphyllite, Quarzite, klastische Bündnerschiefer mit vereinzelt Crinoidenresten) mit einer Mächtigkeit von ungefähr 200 m, die als „Kaserer Serie" bezeichnet und zeitlich in die Kreide eingestuft werden.

Brennkogelfazies

Die Brennkogelfazies, benannt nach dem Brennkogel nordwestlich vom Hochtor (Abb. 55), ist eine mächtige Abfolge metamorpher klastischer Sedimente in Form diverser Phyllite, kristalliner Schiefer (z. B. Granat-Chloritoidschiefer), Kalkschiefer, Quarzite (Abb. 53) und Breccien („Brennkogelbreccie", Abb. 52).

Es handelt sich dabei um ehemals tonig-sandige Sedimente mit zwischengeschalteten Breccien, die vermutlich im Bereich des Abhanges vom Schelf in die Tiefsee abgelagert wurden. Die

Abb. 53: Karbonatquarzite (jurassische sandige Tiefseesedimente der Brennkogelfazies), Profil Hochtor-Margrötzenkopf.

Abb. 54: Serpentinit (metamorpher Ozeanbodenbasalt des Penninischen Ozeans) aus der Brennkogelfazies (Anstieg zum Brennkogel).

Abb. 55: Nordostseite des Brennkogels mit mächtigen Serpentiniten der Brennkogelfazies, an der Basis metamorphe Tiefseesedimente der Brennkogelfazies (Quarzite, Schwarzschiefer, Breccien).

Abb. 56: Kalkglimmerschiefer (Bündnerschiefer) der Oberen Schieferhülle (Glocknerfazies) im Bereich des Elisabethfelsens.

Abb. 57: Mikroskopische Dünnschliffaufnahme eines Kalkglimmerschiefers bestehend aus Kalzit (bräunlich), eingeregelten Hellglimmerscheitern (gelblich-orange) und Quarz (grau). Aufgenommen unter polarisiertem Licht, Bildausschnitt ca. 6 x 4 mm.

Abb. 58: Prasinit (Grünschiefer; metamorpher Ozeanbodenbasalt des Penninischen Ozeans) aus der Glocknerfazies, aufgeschlossen im Umbaltal.

Abb. 59: Der Großglockner wird aus Prasiniten (Grünschiefer; metamorphe Ozeanbodenbasalte) aufgebaut. Blick von Süden, rechts im Bild die Salmhütte.

Brennkogelbreccie enthält reichlich Karbonat- und Quarzitkomponenten, die vermutlich vom nördlich angrenzenden Schelfbereich (Hochstegenfazies) stammen.

Stellenweise sind noch sedimentäre Strukturen wie Schichtung und Gradierung (Abb. 53) zu erkennen, die darauf hindeuten, dass die Sedimente teilweise in Form von Turbiditen (Trübeströme) in Richtung Tiefsee transportiert und abgelagert wurden.

Die Brennkogelbreccie (Abb. 52) wird als submarine Murschuttstrom-Ablagerung gedeutet. In dieser Abfolge, die beispielsweise am Grat vom Hochtor zum Margrötzenkopf gut aufgeschlossen ist, sind auch geringmächtige basische Vulkanite eingeschaltet, die heute als Serpentinite und Prasinite vorliegen (Abb. 54, 55).

Die Gesteine der Brennkogelfazies sind im Zeitraum Jura bis Unterkreide entstanden.

Glocknerfazies

Die Glocknerfazies umfasst die Tiefseesedimente und mächtigen basischen Vulkanite des eigentlichen Beckens des Penninischen Ozeans. Der Ablagerungsraum lag ursprünglich unmittelbar südlich der Brennkogelfazies.

Es handelt sich um eine mehrere 1000 m mächtige Gesteinsabfolge aus Kalkglimmerschiefern („Bündnerschiefer", ursprünglich feinkörnige mergelige Tiefseesedimente, Abb. 56, 57) mit geringmächtigen Einschaltungen von Breccien, Quarziten und Phylliten.

Darin eingeschaltet sind sehr mächtige basische Vulkanite, die heute als Grünschiefer, Prasinite (Abbildungen 58 und 60), Serpentinite, Metagabbros und Eklogite vorliegen. Diese Vulkanite repräsentieren ozeanische Krustengesteine des ehemaligen Penninischen Ozeans (hauptsächlich Pillow-Basalte). Der Großglockner als höchster Berg Österreichs ist beispielsweise aus Prasiniten, d. h. aus metamorph überprägten Ozeanbodenbasalten, aufgebaut (Abb. 59).

Innerhalb der Glocknerfazies treten drei zusammenhängende Gesteinszüge basischer bis ultrabasischer Metavulkanite auf.

Ein Zug streicht im Süden der Hohen Tauern von St. Jakob im Ahrntal (Südtirol) bis nach

Heiligenblut, ein zweiter auf der Nordseite, vom Stubachtal nördlich des Kitzsteinhorns vorbei bis in das Seidlwinkltal und ein dritter Zug streicht von Rauris in den Lungau.

Die ersten beiden Züge stellen Fragmente der ehemaligen ozeanischen Kruste des Penninischen Ozeans dar. Die ursprünglich im Wesentlichen als tholeiitische Basalte entstandenen Gesteine bilden heute eine Abfolge von Serpentiniten, metamorphen ultramafischen und mafischen Gesteinen mit Leukogabbros, Basalten und Tuffen, überlagert von den metamorphen Tiefseesedimenten. Solche Abfolgen ozeanischer Kruste, die im Zuge der plattentektonischen Prozesse (Subduktion) nicht subduziert, also nicht dem Erdmantel zugeführt, sondern am Kontinent in das entstehende Gebirge eingeschuppt und miteingefaltet wurden, nennt man Ophiolithe.

Innerhalb der Oberen Schieferhülle treten neben den Ophiolithen auch noch Eklogitzüge auf. Im Westabschnitt (z. B. in den Zillertaler Alpen, im Brennergebiet) sind die Sedimente der Oberen Schieferhülle teilweise zu Hornblendegarbenschiefern (Abb. 61) und „Rhätizitschiefern“ (Abb. 62) überprägt.

Fuscherfazies

Die Fuscherfazies ist eine mächtige Abfolge metamorph überprägter klastischer Tiefseesedimente (Schwarzphyllite, Quarzite, Metaarkosen, Dolomitbreccien). Es waren ursprünglich tonige Sedimente, gradierte Sandsteine und Breccien, die in Form von Turbiditen (Trübeströmen) in die Tiefsee gelangten. Eingeschaltet sind Bänderquarzite (ursprünglich Radiolarien führende feinkörnige Tiefseesedimente) sowie metamorphe basische Vulkanite (urspr. Tuffe, Mandelsteinlaven, basische Lagergänge). Diese Abfolge wird auch als „Tauernflysch“ bezeichnet.

Der Ablagerungsraum der Fuscherfazies lag ursprünglich unmittelbar südlich der Glocknerfazies, am südlichen Abhang vom Schelf in die Tiefsee. Während der alpidischen Gebirgsbildung wurden die Gesteine nach Norden überschoben und sind heute als schmaler Streifen am Nordrand des Tauernfensters aufgeschlossen und vor allem zwischen Fusch und Rauris verbreitet (daher „Fuscherfazies“).

Abb. 60: Prasinit von der Franz-Josefs-Höhe (Glocknerfazies) bestehend aus Epidot, Chlorit (Pennin), Albit, Quarz sowie akzessorisch Titanit und Erz. Dünnschliffaufnahme unter polarisiertem Licht, Bildausschnitt ca. 5 x 3 mm.

Abb. 61: Hornblende-Garbenschiefer, Obere Schieferhülle, Zillertal.

Abb. 62: Rhätizitschiefer (Rhätizit = Disthen) aus der Oberen Schieferhülle, Wolfendorn (Brennergebiet).

Klammkalkfazies

Es handelt sich dabei um eine Abfolge metamorph überprägter Sedimente einer karbonatreichen Fazies. Die Abfolge setzt sich überwiegend aus Kalken und kalkigen Quarziten, auch aus Schwarzphylliten, Chlorit-Serizitphylliten und Breccien zusammen. Die Sedimente wurden am südlichen Schelf und oberen Kontinentalabhang des Penninischen Ozeans abgelagert und dann im Zuge der Deckenüberschiebungen am weitesten nach Norden transportiert. Die Sedimente der Klammkalkfazies waren ursprünglich im Süden von ostalpinen Gesteinseinheiten begrenzt, daher wurde diese Fazies früher auch dem Unterostalpin zugerechnet. Diese Fazies ist heute am Nordrand des Penninikums, in den engen Klammen entlang der Salzachtalstörung (Tauernnordrandstörung), die von Süden in das Salzachtal münden, aufgeschlossen (daher der Name „Klammkalkfazies).

3.1.5 Fossilien aus der Oberen Schieferhülle

Die zeitliche bzw. stratigraphische Einstufung der Sedimente der Oberen Schieferhülle ist aufgrund ihrer metamorphen Überprägung sehr schwierig. Die Metamorphose hat nämlich die in manchen Sedimenten ursprünglich sicher in oft großer Zahl vorhanden gewesenen Fossilreste weitgehend zerstört, sodass man zunächst die zeitliche Einstufung und Untergliederung durch Vergleiche mit ähnlichen penninischen Abfolgen der Schweizer Alpen vorgenommen hat.

Erst im Jahre 1940 hat R. v. Klebelsberg, damals Professor am Institut für Geologie und Paläontologie der Universität Innsbruck, in einem in einer Steinmauer eingefügten Block aus Hochstegenkalk einen verzerrten Negativabdruck eines relativ gut erhaltenen Ammoniten *(Perisphinctes* sp.) entdeckt (Abb. 63). Der Stein wurde im Herbst 1939 in dem südlich der Straße von Mayrhofen nach Hochstegen gelegenen Steinbruch gewonnen und als ca. 120 kg schwerer Block in einer Straßenmauer bei Zell am Ziller eingefügt, ehe die Wissenschaft von diesem sensationellen Fund Kenntnis erhielt. Der Ammonit erlaubt eine zeitliche Einstufung des Hochstegenkalkes, aus dem er stammt, in den oberen Jura (Malm). In der Folge wurden im Hochstegenkalk weitere Fossilreste,

Abb. 63: Gut erhaltener Abdruck eines Ammoniten *(Perisphinctes* sp.) aus dem Hochstegenkalk.

nämlich Belemnitenreste, Radiolarienreste und Schwammnadeln gefunden, die ebenfalls auf Oberjura–Kreidealter hinweisen.

In schwarzen Dolomiten von der Basis der Glocknerdecke im Oberpinzgau (Dietelsbachtal) wurden Reste von Kalkalgen gefunden, die eine Einstufung dieser Gesteine in die Mitteltrias erlauben.

Aus Dolomitmarmoren im Westen des Tuxer Hauptkammes sind Crinoidenreste bekannt, die ebenfalls ein Mitteltrias-Alter anzeigen.

Bis auf diese wenigen Ausnahmen gelten die metamorphen Sedimente der Oberen Schieferhülle nach wie vor als fossilfrei, doch ist zu erwarten, dass in Zukunft auch von anderen Stellen, vor allem aus karbonatischen Gesteinen, der eine oder andere Fossilfund getätigt werden wird.

3.1.6 Die Matreier Zone

Als Matreier Zone wird ein schmaler Gesteinsstreifen am Südrand des Tauernfensters bezeichnet, der aus dunklen und hellen Phylliten, Kalkglimmerschiefern, Quarziten, metamorph überprägten Feinbreccien und turbiditischen Sedimenten sowie Kalken, Dolomiten und Dolomitbreccien zusammengesetzt ist (Abb. 65).

Diese alpidisch metamorph überprägte Sedimentabfolge wurde vermutlich in der Kreide abgelagert.

In dieser Gesteinsabfolge schwimmen große Schollen von Permotrias-Gesteinen (Marmore, Gips, Quarzite) und Serpentinite (Abb. 64, 66).

Die Matreier Zone wird als Gesteinsabfolge interpretiert, die in Form von Turbiditen (Trübeströmen), submarinen Schuttströmen (Debris Flows und Olisthostrome) am südlichen Kontinentalabhang des Penninischen Ozeans abgelagert wurden.

Am Südrand des Penninischen Ozeans entwickelte sich in der Kreidezeit eine aktive Subduktionszone mit einem Tiefseegraben heraus. In dieser Subduktionszone wurde die ozeanische Kruste des Penninischen Ozeans größtenteils wieder subduziert, dem Erdmantel zugeführt. Infolge dieser Subduktionsprozesse war der Koninentalabhang von starken tektonischen Bewegungen geprägt. Vom Kontinentalrand, der bereits aus ostalpinen Gesteinen (Unterostalpin) aufgebaut war, sind hin und wieder riesige Schollen aus Per-

Abb. 64: Dunkle Phyllite aus der Matreier Zone, aufgeschlossen entlang der Felbertauernstraße in Matrei.

Abb. 65: Serpentinit aus der Matreier Zone, aufgeschlossen am Weg vom Lucknerhaus zur Glorer Hütte.

Abb. 66: Bräunlich grauer Kalkphyllit (untere Bildhälfte) und Gips (obere Bildhälfte), aufgeschlossen im Ködnitztal ca. 1 km nordöstlich von Kals.

motrias-Gesteinen abgebrochen und als „Olistolithe" den Kontinentalabhang hinuntergeglitten. Diese Schollen wurden dann von den feinkörnigeren Tiefseesedimenten zusedimentiert. Durch die starken tektonischen Bewegungen wurden die Sedimente des Kontinentalabhanges auch deformiert, außerdem wurden Fragmente der größtenteils subduzierten ozeanischen Kruste in Form von Serpentinitlinsen in die Sedimente des Kontinentalabhanges eingeschuppt.

Allerdings ist diese Auffassung mit gewissen Fragezeichen behaftet, denn es wäre zu erwarten, dass neben unterostalpinen Schollen vor allem auch Schollen der Klammkalkfazies, die den ehemaligen Südrand des Penninischen Ozeans repräsentiert, in das Becken eingeglitten sind. Dies konnte jedoch bislang nicht festgestellt werden.

3.1.7 Zur Metamorphose der Oberen Schieferhülle

An den Gesteinen der Oberen Schieferhülle lassen sich drei Metamorphoseereignisse ablesen.

1) Das erste (älteste) Metamorphoseereignis führte unter sehr hohen Drucken von rund 20 kb und Temperaturen von rund 550–580 °C zur Entstehung der Eklogite. Diese Temperatur- und Druckbedingungen entsprechen einer Tiefe von rund 60–70 km. Diese Metamorphose fand vermutlich vor 90–60 Mill. Jahren statt.

2) Etwas jünger ist die in vielen basischen metamorphen Gesteinen der Glocknerdecke festgestellte Glaukophan-Lawsonit-Metamorphose (Hochdruckmetamorphose in Blauschieferfazies). Diese Metamorphose lief bei relativ niedrigen Temperaturen (um 450 °C) und hohen Drucken (mindestens 7–9 kb) ab und wird mit der Subduktion des Penninischen Ozeans erklärt.

3) Die jüngste Metamorphose lief im Tertiär, vor 55–35 Mill. Jahren (Eozän) ab und erfasste alle Gesteine des Tauernfensters. Es handelte sich um eine Regionalmetamorphose in Grünschiefer- bis Amphibolitfazies. Am Nord- und Südrand wurden Temperaturen um 400 °C erreicht (Grünschieferfazies), im zentralen Teil des Tauernfensters dagegen Temperaturen von 500–550 °C (Amphibolitfazies). Die Drucke weisen auf eine Überlagerung von mindestens 12–15 km, d.h. die Gesteine wurden im Zuge der alpidischen Gebirgsbildung in diese Tiefen versenkt und dort metamorph überprägt.

Häufige metamorphe Mineralneubildungen der Grünschieferfazies (Nord- und Südrand) sind Paragonit, Phengit, Albit, Chlorit, Epidot, nach Süden folgen Stilpnomelan und Chloritoid und im zentralen Bereich (Amphibolitfazies) sind Chloritoid, Staurolith, Disthen, Biotit, Granat, Oligoklas und Andesin typische metamorphe Neubildungen.

3.2 Das Kristallin der Schobergruppe

Die Schobergruppe ist der Gebirgszug zwischen Mölltal und Iseltal, der mit seinen höchsten Gipfeln 3000 m deutlich überschreitet (Petzeck 3283 m, Hochschober 3240 m, insgesamt rund 40 Dreitausender) und durch schroffe Gebirgsformen mit steilen Felsflanken, Graten und Gipfeln charakterisiert ist. Die nordseitigen Bergflanken und Kare der höchsten Gipfel sind leicht vergletschert.

Die Schobergruppe ist auch heute eine noch weitgehend unberührte Gebirgsgruppe, die touristisch wenig erschlossen und im Vergleich zu den Hohen Tauern auch geologisch wenig erforscht ist.

Die ersten geologischen Untersuchungen gehen auf D. Stur (1856) zurück. In den Jahren 1926 bis 1930 haben F. Angel und E. Clar umfangreiche petrographische und geologisch-tektonische Arbeiten durchgeführt. Auch Ch. Exner hat sich mit der Geologie dieser Gebirgsgruppe befasst. In den letzten Jahrzehnten ist die Schobergruppe im Vergleich zu den angrenzenden Gebirgsgruppen geologisch auch nur sehr stiefmütterlich behandelt worden, beispielsweise gibt es bislang keine geologische Karte der Schobergruppe.

Die Schobergruppe besteht aus mehrfach metamorph überprägten Altkristallingesteinen, die dem mittelostalpinen Deckenstockwerk zugerechnet werden. Diese Altkristallingesteine sind auf die Gesteine der Matreier Zone bzw. des Tauernfensters aufgeschoben. Die Überschiebungsfläche verläuft ungefähr entlang der Linie Matrei Kals Glorer Hütte Hahnlkamp, biegt dort nach Südosten um und verläuft unmittelbar südlich der Wirtsbaueralm (Gößnitztal) vorbei zur Schmiedl-Alm südlich Heiligenblut und erreicht bei Sagritz südlich Döllach das Mölltal.

Basierend auf den Untersuchungen von F. Angel und E. Clar wird das Kristallin der Schobergruppe in einen Liegendkomplex und einen Hangendkomplex gegliedert, getrennt durch eine „Schuppenzone".

Der Liegendkomplex umfasst den Nordteil der Schobergruppe, der flach nach Süden einfallende Hangendkomplex umfasst den Süd- und Südostteil. Die Grenze zwischen diesen beiden Einheiten verläuft vom Hangfuß der Prijakte über den Barrenlesee, nördlich der Großen Mirnitzspitze weiter nach Südosten.

Der Liegendkomplex besteht aus verschiedenen Typen von Glimmerschiefern (Hellglimmerschiefer, Biotit-Chloritschiefer, Gra-

Abb. 67: Stark gefalteter Glimmerschiefer mit dünnen Quarzlagen aus dem Altkristallin der Schobergruppe (Beilkar, Gößnitztal).

Abb. 68: Gefalteter Bänderamphibolit aus dem Altkristallin der Schobergruppe (Hinterer Langtalsee, Gößnitztal).

Abb. 69: Granatglimmerschiefer aus dem Altkristallin der Schobergruppe (Vordersee, Gößnitztal).

Abb. 70: Paragneis aus dem Altkristallin der Schobergruppe, aufgeschlossen entlang der Straße von Huben nach Kals.

Abb. 71: Stark verfaltete serizitische Glimmerschiefer aus dem Altkristallin der Schobergruppe (Peischlach Törl).

Abb. 72: Pegmatitischer Gang in Paragneisen des Altkristallins der Schobergruppe, aufgeschlossen an der Straße von Huben nach Kals.

natglimmerschiefer mit Biotitporphyroblasten, Staurolithglimmerschiefer), Graphitschiefern, Hornblendegarbenschiefern und Paragneisen (Abb. 67–72).

Eingeschaltet in diese kristallinen Gesteine sind teilweise mächtige Amphibolite (Abb. 68) und Serpentinite. Ein mächtiger, Ost-West streichender Amphibolitzug ist beispielsweise westlich der Elberfelder Hütte (hinteres Gößnitztal) in der Tramerkopfmauer schön aufgeschlossen. Untergeordnet treten auch Orthogesteine wie Zweiglimmergranite, helle Granodiorite und Orthoaugengneise auf.

Die Schuppenzone besteht aus einem schmalen Streifen von Mikroklinaugengneis und stark retrograd metamorph überprägten Eklogit-Amphiboliten.

Der Hangendkomplex (Südscholle) setzt sich ebenfalls aus verschiedenen Glimmerschiefern und Gneisen (u. a. Staurolith-Granat-Glimmerschiefer, Plagioklasgneise, Biotitgneise; metamorphe klastische Sedimente), aus Mikroklingneisen (metamorphe saure Vulkanite) und Eklogit-Amphiboliten (metamorphe basische Vulkanite) zusammen (siehe Profile Abb. 73, 74).

Das Altkristallin der Schobergruppe wird von jungalpidischen Ganggesteinen (Tonalitporphyrite) mit einem Alter von rund 30 Mill. Jahren durchschlagen.

Die Kristallingesteine beider Einheiten wurden von mehreren Metamorphoseereignissen erfasst. Ein ältestes Metamorphoseereignis konnte mit 500 Mill. Jahren datiert werden. Vor

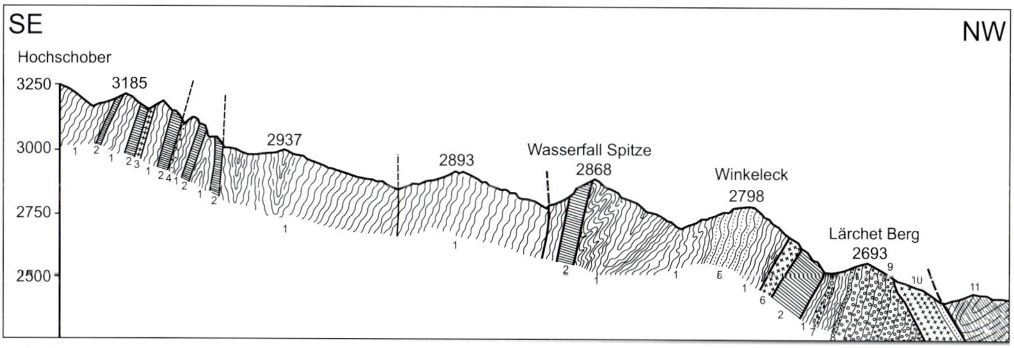

Abb. 73: Profil durch das Kristallin der Schobergruppe im Kammbereich zwischen Hochschober und Lärchet Berg (umgezeichnet nach ANGEL 1929). ▸ **1 Hellglimmerschiefer, 2 Amphibolit, 3 Quarzgang, 4 graphitisch-phyllitische Schiefer, 5 Glimmerschiefer mit Biotitporphyroblasten, 6 Granodiorit, 7 Gneisquarzit, 8 Quarzit und Muskowitquarzit, 9 Orthoaugengneis, 10 Tonalit und Tonalitporphyrit, 11 Bänderamphibolit.**

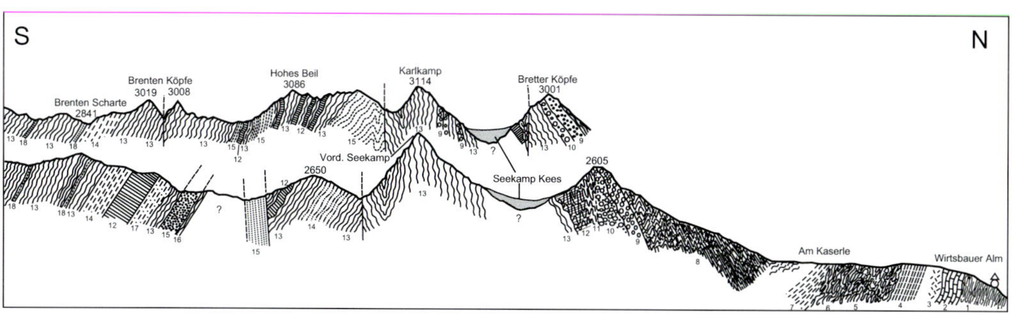

Abb. 74: Profil durch das Kristallin der Schobergruppe (Nordscholle) auf der Ostseite des Gößnitztales zwischen Wirtsbaueralm im N und Brenten Scharte im S (umgezeichnet nach ANGEL 1929). ▸ **1 Glanzschiefer und Chloritphyllit, 2 Dolomit, 3 Dolomitbreccie, 4 dunkle Biotitquarzite, 5 gefältelte Glanzschiefer, 6 gefältelte Glanzschiefer mit Quarzlagen, 7 Biotitquarzit, 8 Hellglimmerschiefer, z. T. mit Staurolith, 9 Mikroklinaugengneis, 10 Granatgneisquarzit mit Mikroklinaugen, 11 gefältelte quarzreiche Glimmerschiefer, 12 Amphibolit, 13 Hellglimmerschiefer, 14 Glimmerschiefer mit Biotitporphyroblasten, 15 Quarzit und Sericitquarzit, 16 Phyllit, 17 Paragneis, 18 Graphitquarzit.**

300–260 Mill. Jahren wurden die Gesteine in Amphibolitfazies überprägt. Altersdatierungen an Orthogneisen aus der Umgebung des Wangenitzsees ergaben ein Alter von rund 440 Mill. Jahren, d. h. zu dieser Zeit sind granitische Schmelzen, die heute als Orthogneise vorliegen, in die Kristallingesteine eingedrungen. Paragneise (aus Sedimenten entstanden) zeigen ähnliche Alter, sodass vor rund 440 Mill. Jahren offensichtlich auch eine Metamorphose stattgefunden hat.

Während der alpidischen Metamorphose, Altersdatierungen mit der Rb/Sr-Methode zeigen frühalpidische Alter von rund 70–80 Mill. Jahren, wurden die Gesteine von einer schwächeren Metamorphose (Grünschieferfazies) erfasst.

3.3 Das Kristallin der Deferegger Alpen

Die ersten systematischen geologischen Untersuchungen in dieser Gebirgsgruppe gehen wiederum auf D. Stur (1856) zurück, auch F. Teller hat einige grundlegende Arbeiten über die Deferegger Alpen veröffentlicht. Darüber hinaus haben D. Stur und F. Teller Teile dieser Gebirgsgruppe auch kartiert, ihre Kartierungsergebnisse sind allerdings nie in Form einer geologischen Karte publiziert worden.

Die petrographische Erforschung in dieser Gebirgsgruppe setzte mit den Arbeiten von F. Becke (1892) im Bereich des Rieserferner Tonalites ein.

In den Deferegger Alpen finden die Gesteinseinheiten der Schobergruppe ihre westliche Fortsetzung, wobei ebenfalls zwei geologische Einheiten unterschieden werden (Abb. 75).

Die Nordeinheit umfasst den Bereich nördlich des Deferegger Tales (Lasörling Gruppe) und besteht, ähnlich wie in der Schobergruppe, aus verschiedenen Typen von Glimmerschiefern und Paragneisen mit eingeschalteten mächtigen Amphibolitzügen und weniger mächtigen Orthogneisen. Am Südrand dominieren Biotitschiefer, Zweiglimmerschiefer und Paragneise mit eingeschalteten Amphiboliten, Kalkmarmoren, Graphitschiefern und Quarziten.

Die Gesteine der Nordeinheit zeigen eine mehrphasige metamorphe Überprägung: eine spätvariszische Metamorphose vor ungefähr 300 Mill. Jahren, eine altalpidische Metamorphose vor 90 Mill. Jahren und eine jungalpidische Metamorphose vor 15–30 Mill. Jahren.

Südlich der Linie Ainet-St. Jakob-Stallersattel folgt die auf die Gesteine der Nordeinheit steil aufgeschobene Südeinheit, die sich ebenfalls von

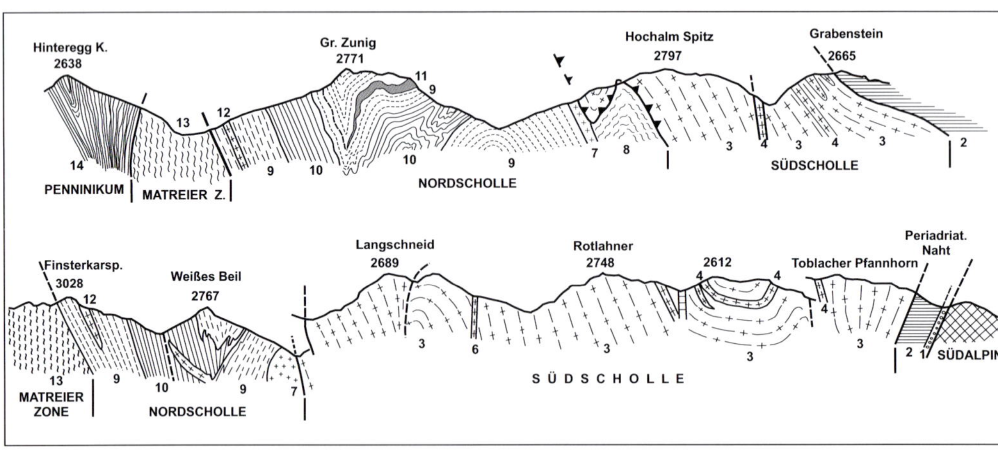

Abb. 75: Profile durch das Altkristallin der Deferegger Alpen (umgezeichnet nach SENARCLENS- GRANCY 1965 und TOLLMANN 1977). ▸ **1 mesozoische Sedimente des Drauzuges (Oberostalpin), 2 Thurntaler Quarzphyllit, 3 Paragneis, 4 Granitgneis, 5 Permotrias von Kalkstein, 6 Tonalitporphyritgneis (3–6 = Südscholle), 7 Rieserferner Tonalit, 8 Phyllonit, 9 Paragneise und Glimmerschiefer, 10 Muskowitglimmerschiefer, 11 Amphibolit, 12 Granitgneis (8–12 = Nordscholle), 13 Phyllite der Matreier Zone, 14 Obere Schieferhülle (Penninikum).**

der Schobergruppe nach Westen verfolgen lässt und auch aus ähnlichen Gesteinen aufgebaut ist. In eine mächtige Paragneis-Glimmerschieferserie (Biotit-Plagioklasgneise, teilweise mit Sillimanit, sowie Staurolith, Granat und Disthen) sind Eklogite, Amphibolite und Marmore eingeschaltet. Im Westabschnitt (Südtirol) liegen in dieser Serie auch mächtige Orthogneise.

Sillimanit in den Paragneisen ist ein Hinweis auf eine unter hohen Drucken abgelaufene Metamorphose. Radiometrische Altersdatierungen ergaben ein Metamorphosealter von rund 497 Mill. Jahren (altkaledonisch). Das Intrusionsalter der Orthogneise liegt bei rund 434 Mill. Jahren.

In der Südeinheit konnte bisher eine alpidische Metamorphose nicht nachgewiesen werden. Die Aufschiebung der Südeinheit auf die Nordeinheit erfolgte vermutlich vor rund 300 Mill. Jahren (variszisch) und ging mit einer schwachen metamorphen Überprägung einher.

Im Süden wird das Altkristallin der Defereggger Alpen vom Thurntaler Quarzphyllit begrenzt.

Vor rund 30 Mill. Jahren (im Oligozän) ist in der benachbarten Rieserferner Gruppe in die altkristallinen Gesteine ein mächtiger Tonalitpluton eingedrungen, und zwar in die biotitreiche Gesteinsserie am Südrand der Nordeinheit. An der Grenze zum Nebengestein zeigt der Tonalitpluton eine rund 100 m breite Kontaktzone, in der die benachbarten Gesteine durch die Intrusion tonalitischer Gesteinsschmelzen bei Temperaturen von rund 600 °C kontaktmetamorph überprägt wurden. Im Zuge dieser Kontaktmetamorphose wurden in der innersten Zone, wo die höchsten Temperaturen herrschten, die Minerale Cordierit und Sillimanit neu gebildet, nach außen hin bei abnehmenden Temperaturen Grossular, Diopsid, Andalusit und Wollastonit, und ganz am Rande Zoisit und Epidot. Die nicht verschieferten Gesteine dieser Kontaktzone werden als Hornfelse bezeichnet (Cordierit-Sillimanit-Hornfels etc.).

Darüberhinaus wird das Altkristallin der Defereggger Alpen ebenso wie jenes der benachbarten Schobergruppe oder der Kreuzeckgruppe von zahlreichen jungalpidischen porphyritischen Gängen durchschlagen.

Blick vom Kloben nach Westen zum Bockkarkees (rechts) und Fuscherkarkees (links) (11.8.1991).

4 Der tektonische Bau des Tauernfensters

Die Gesteine des Tauernfensters sind tektonisch teilweise stark ausgedünnt, das Tauernfenster weist einen komplizierten tektonischen Bau auf und ist in verschiedene tektonische Einheiten (Decken) gegliedert.

Der Grund für diesen komplizierten tektonischen Bau liegt im unterschiedlichen Verhalten der verschiedenen Gesteine gegenüber tektonischer Beanspruchung. Die Zentralgneismassive reagierten bei der tektonischen Beanspruchung während der alpidischen Metamorphose wie mehr oder weniger starre Körper, während die Gesteine der Oberen Schieferhülle, vor allem die Kalkglimmerschiefer und Phyllite, sehr teilbeweglich reagierten und sich leicht deformieren ließen. Dazu kommt noch die eigenartige Verteilung der Zentralgneiskerne (siehe Abb. 20).

Generell waren die Bewegungen während der alpidischen Gebirgsbildung von Süden nach Norden gerichtet, was eben zu nordgerichteten (nordvergenten) Auffaltungen und Überschiebungen sowie Deckenbildungen geführt hat. Entsprechend streichen die großen Faltenachsen E–W.

Teilweise ist es aber auch zu sehr komplexen Bewegungsabläufen gekommen. So wurden beispielsweise im Glocknergebiet, zwischen starrem Granatspitzkern und Sonnblickkern, die sehr teilbeweglichen (inkompetenten) Gesteine der Oberen Schieferhülle zusammengezwängt und in Teildecken übereinander gestapelt. In diesem Bereich, der als „Glockner Querdepression" bezeichnet wird, streichen die Faltenachsen vielfach Nord-Süd.

Innerhalb des Tauernfensters können folgende tektonische Einheiten auseinander gehalten werden:

- Zentralgneiskerne
- Decken aus dem „Alten Dach"
- Schieferhülldecken

Das tiefste tektonische Stockwerk im Tauernfenster bilden die Zentralgneiskerne, die ursprünglich als autochthon, d.h. als ortsfest und somit während der alpidischen Gebirgsbildung nicht transportiert, angesehen wurden.

Inzwischen hat man jedoch erkannt, dass auch die Zentralgneiskerne von der alpidischen Tektonik erfasst und von ihrer ursprünglichen Position entfernt wurden, heute als große Faltendecken vorliegen, teilweise walzenförmig ausgelängt wurden und dann dünne tektonische Lamellen bilden.

Teilweise stehen die Zentralgneiskerne noch im Intrusionsverband mit den Gesteinen des Alten Daches und der Habachserie wie im Venedigergebiet und Maltatal, teilweise wurden aber das Alte Dach und die Habachserie vom Zentralgneis tektonisch abgeschert.

In den westlichen Hohen Tauern ist der Ahornkern die tiefste tektonische Einheit, auf diesem liegt der ursprünglich darauf sedimentierte Hochstegenkalk der Oberen Schieferhülle (siehe Profil Abb. 76).

Südlich davon liegt der Tuxer Kern, der vom Ahornkern durch die dazwischenliegende Schönachmulde (paläozoische Schiefer des Alten Daches) getrennt ist. Der Tuxer Kern wurde während der alpidischen Gebirgsbildung teilweise von Süden auf die Gesteine der Schönachmulde und des Ahornkernes aufgeschoben (z.B. in der „Krimmler Gneiswalze").

Weiter südlich folgt der Zillertaler-Venediger-Kern, der ebenfalls vom Hochstegenkalk überlagert wird.

Daneben gibt es im Westabschnitt des Tauernfensters auch vollkommen vom ursprünglichen Gesteinsverband getrennte und auf fremde Unterlage geschobene Gesteinseinheiten (Decken), wie z. B. die „Wolfendorndecke".

Im Ostabschnitt ist das tiefste tektonische Stockwerk des Tauernfensters das intern noch untergliederte Zentralgneismassiv der Hoch-

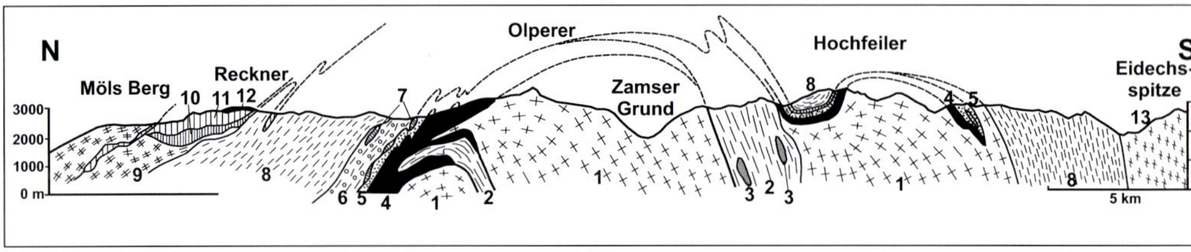

Abb. 76: Schematisches Profil durch das westliche Tauernfenster (nach THIELE 1977). ▶ **1 Zentralgneis, 2 paläozoische Gneise und Schiefer (Greiner Serie), 3 Serpentinit, 4 Hochstegenkalk, 5 Kaserer Serie, 6 Wustkogelserie, 7 karbonatische Trias, 8 Bündnerschiefer (4–8 Obere Schieferhülle), 9 Quarzphyllit, 10 und 11 Mesozoikum, 12 Serpentinit der Reckner Decke (9–12 Unterostalpin), 13 mittelostalpines Altkristallin.**

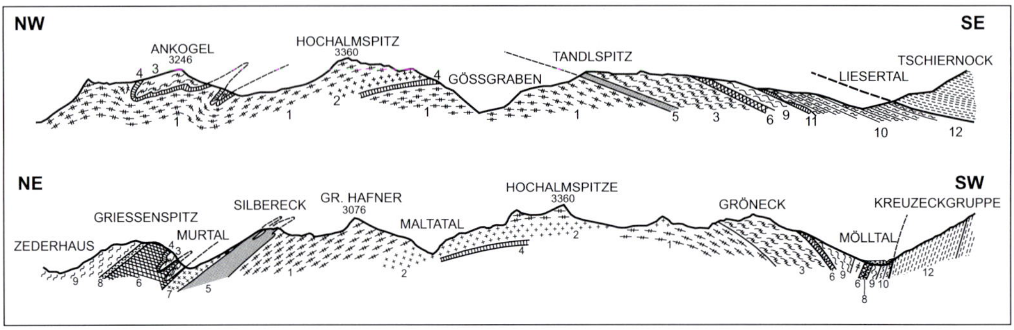

Abb. 77: Schematische Profile durch das östliche Tauernfenster (Ankogel-Hochalmspitzgruppe), umgezeichnet nach EXNER (1971) und TOLLMANN (1977). ▶ **1 Granitgneis und Migmatite, 2 Tonalitgneis (1, 2 Zentralgneis), 3 Altkristallin (Altes Dach), 4 zentrale Schieferserie, 5 Silbereckserie (Mesozoikum, Obere Schieferhülle), 6 Murtörlserie (Altes Dach) und basale Schieferhülle, 7 Mureckgneis, 8 Schrovin-Einheit (Untere Schieferhülle), 9 Bündnerschiefer der Oberen Schieferhülle.**

almspitz-Ankogelgruppe. Innerhalb dieses Massivs bildet der Gößgrabenkern die tiefste Einheit und wird von der Reißeckmulde vom darüberliegenden Hochalmspitzkern getrennt. Nach Norden schließt die Ankogelmulde an, gefolgt vom darüberliegenden Hölltor-Rotgüldenkern, der Gasteiner Mulde und dem Sieglitzlappen.

Ummantelt wird dieses Zentralgneismassiv von Gesteinen des Alten Daches, der Habachserie und der Oberen Schieferhülle, die teilweise als deckenförmige Gesteinskörper auftreten (siehe Profil Abb. 77).

Der Sonnblickkern ist durch die Mallnitzmulde vom Hochalmspitz-Ankogelmassiv getrennt.

Im Dach der Zentralgneismassive (besonders Sonnblickkern und Granatspitzkern) treten verschiedene deckenförmige Gneiskörper auf (Gneislamellen und Gneisdecken), die im Bereich des Granatspitzkernes als „Riffldecken" bezeichnet werden.

Auch die Obere Schieferhülle, die im Allgemeinen die Zentralgneiskerne und Gesteine des Alten Daches umschmiegt, ist intern in Decken und Teildecken gegliedert.

Die tiefste tektonische Einheit innerhalb der Oberen Schieferhülle ist die Modereckdecke, die aus Gesteinen der Wustkogelserie und Seidlwinkltrias aufgebaut ist. Darüber liegt die in verschiedene Teildecken gegliederte Glocknerdecke, die vor allem aus den mächtigen Bündnerschiefern (Kalkglimmerschiefern) und metamorphen basischen Vulkaniten (v.a. Prasinite) aufgebaut ist. Besonders in der Glockner Querdepression weist die Glocknerdecke einen komplexen internen Bau auf. Die Überschiebung der einzelnen Decken erfolgte generell von Süd nach Nord.

Das Tauernfenster zeigt einen kuppelförmigen Bau. Die Gesteine des Tauernfensters wurden während der Spätphase der alpidischen Gebirgsbildung infolge isostatischer Ausgleichsbewegungen sowie des Nordschubes der Südalpen gegen das Ostalpin kuppelförmig herausgehoben. Entsprechend tauchen die Gesteine des

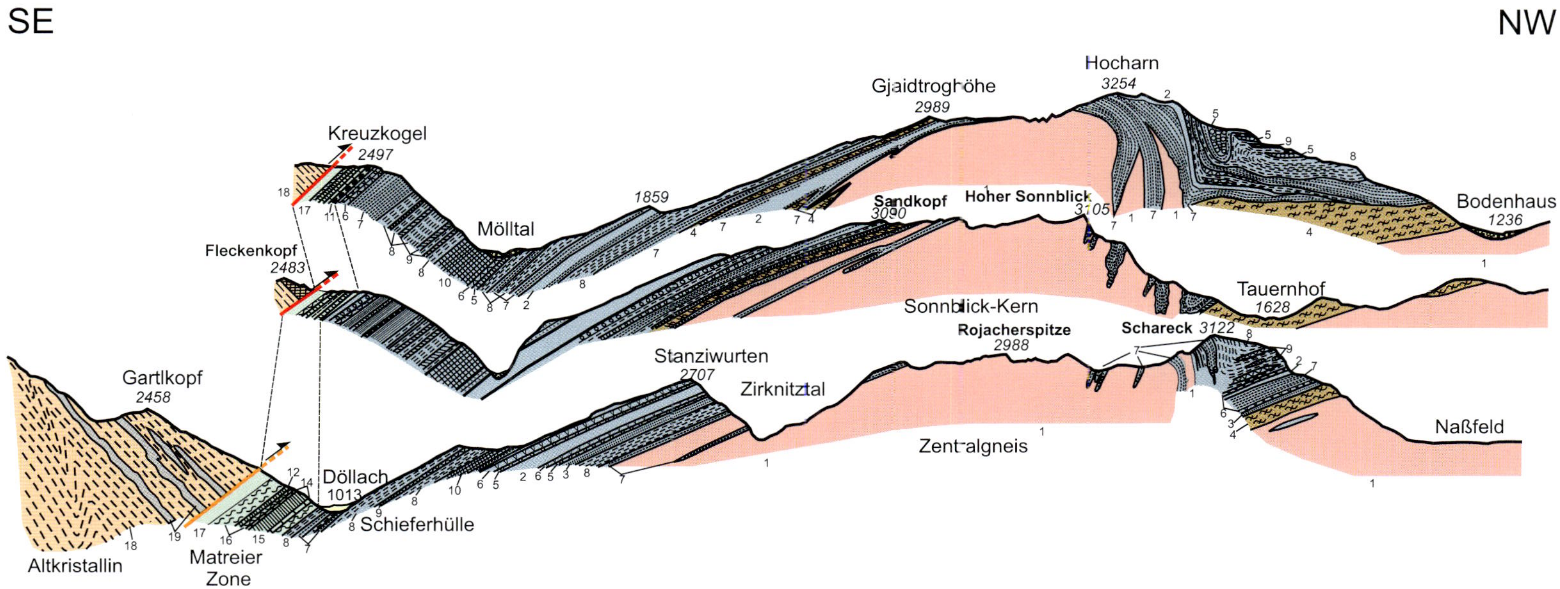

Abb. 78: Profile durch das Tauernfenster (Penninikum) im Bereich der Sonnblickgruppe (umgezeichnet nach EXNER 1964).
▶ 1 Orthogneis (Zentralgneis) und Altes Dach des Sonnblick-Kernes, 2 Mikroklinaugengneis der Greislamellen 1–4, 3 Albitgneis und Albitporphyroblastenschiefer der Gneislamellen, 4 helle Glimmerschiefer, 5 Quarzit (Wustkogelserie), 6 Rauhwacken, Dolomitmarmor, Kalkmarmor (Seidlwinkltrias), 7 Schwarzschiefer, Schwarzphyllit, 8 Kalkglimmerschiefer, 9 Grünschiefer (Prasinit), 10 Serpentinit (5–10 Schieferhülle), 11 Mikroklinaugengneis, 12 Quarzit, 13 Rauhwacke, Gips, Dolomit, Dolomitmarmor, 14 Kalk, Kalkmarmor, 15 Grünschiefer, Serpentinit, 16 diverse Phyllite (11–16 Matreier Zone), 17 diaphthoritische Gesteine an der Basis des Altkristallins der Schobergruppe, 18 Glimmerschiefer, Paragneise und Phyllite, 19 Amphibolit, 20 Orthogneise (18–20 Altkristallin der Schobergruppe).

Tauernfensters nach allen Richtungen hin relativ gleichmäßig unter die Gesteinseinheiten der Ostalpinen Decken ab, ragen somit fensterartig unter einem Kranz ostalpiner Gesteinseinheiten hervor (siehe Profil Abb. 78).

Im Süden werden die penninischen Gesteine des Tauernfensters vom schmalen Streifen der Matreier Zone (Mischgesteinseinheit zwischen Penninikum und Unterostalpin) begrenzt, darüber liegen die von Süden aufgeschobenen mächtigen Altkristallinmassen der DefeSchoegger Alpen, Schobergruppe, Sadniggruppe und Kreuzeckgruppe.

Im Norden wird das Penninikum im Westabschnitt von den unterostalpinen Gesteinsserien der Tarntaler Berge und im Ostabschnitt vom Unterostalpin der Radstätter Tauern überlagert. Dazwischen, entlang der Salzachtalstörung, einer großen Längstalstörung, grenzen Gesteine der oberostalpinen Grauwackenzone direkt an das Penninikum.

Auffallend ähnlich ist der tektonische Bau am West- und Ostende des Tauernfensters.

Das nach Westen bzw. Osten abtauchende Penninikum wird zunächst von geringmächtigen unterostalpinen Serien überlagert (Katschbergzone im Osten), darüber folgt ein mächtiges mittelostalpines Stockwerk mit Altkristallin und auflagernden, metamorph überprägten mesozoischen Sedimenten (im Westen: Stubai-Ötztal-Altkristallin mit auflagerndem Brennermesozoikum, im Osten: Altkristallin der Niederen Tauern mit auflagerndem Stangalmmesozoikum). Auf dieses Mittelostalpin aufgeschoben sind oberostalpine Decken, im Westen die Steinacher Decke und im Osten die Gurktaldecke, beide aus ähnlichen Gesteinen aufgebaut.

Inzwischen konnte nachgewiesen werden, dass als Folge eines kräftigen Nordschubes des Südalpenblocks das Tauernfenster kuppelförmig aufgewölbt wurde und aufgrund dieser Aufwölbung die Stubai-Ötztalmasse nach Westen und das Altkristallin der Niederen Tauern nach Osten abgeglitten sind. Ein beträchtlicher Teil der ursprünglich über den Gesteinen des Tauernfensters gelegenen ostalpinen Gesteinseinheiten ist auch durch Verwitterung und Erosion entfernt worden, was zur Freilegung der Gesteine des Tauernfensters geführt hat.

Die Heraushebung des Tauernfensters ist auch heute noch nicht abgeschlossen, die Hebungsbeträge liegen in den Hohen Tauern bei maximal rund 1 mm pro Jahr. Allerdings wird die Heraushebung durch die Prozesse der Verwitterung und Erosion ausgeglichen.

5 Plattentektonik und Entstehung der Alpen durch endogene Prozesse

Die alpidische Gebirgsbildung wurde durch plattentektonische Prozesse ausgelöst, und zwar durch die Kollision von driftenden Erdkrustenteilen („Platten"). Afrika kollidierte infolge seiner Norddrift mit Europa und den dazwischenliegenden „Mikroplatten". Als Folge dieser Plattenkollisionen entstand ein überaus kompliziert gebautes Gebirge: die Alpen.

Generell wird die Erde gegliedert in Erdkern, Erdmantel und Erdkruste, wobei die Erdkruste nur eine sehr dünne Haut darstellt. Die Erdkruste ist im Bereich der Ozeane nur ungefähr 10–12 km dick, im Bereich der Kontinente 30 –70 km.

Die an der Erdoberfläche driftenden Lithosphärenplatten sind rund 100–150 km dick und bestehen aus der Erdkruste und dem obersten Erdmantel. Insgesamt wird die Erdoberfläche in 7 große, starre Lithosphärenplatten sowie eine Reihe von mittelgroßen und kleinen Platten gegliedert. Am Aufbau der Lithosphärenplatten sind sowohl kontinentale als auch ozeanische Kruste beteiligt, es gibt aber auch Platten, die nur aus dem obersten Erdmantel und ozeanischer Kruste bestehen.

Die einzelnen Lithosphärenplatten bewegen sich bzw. driften mit Geschwindigkeiten bis zu

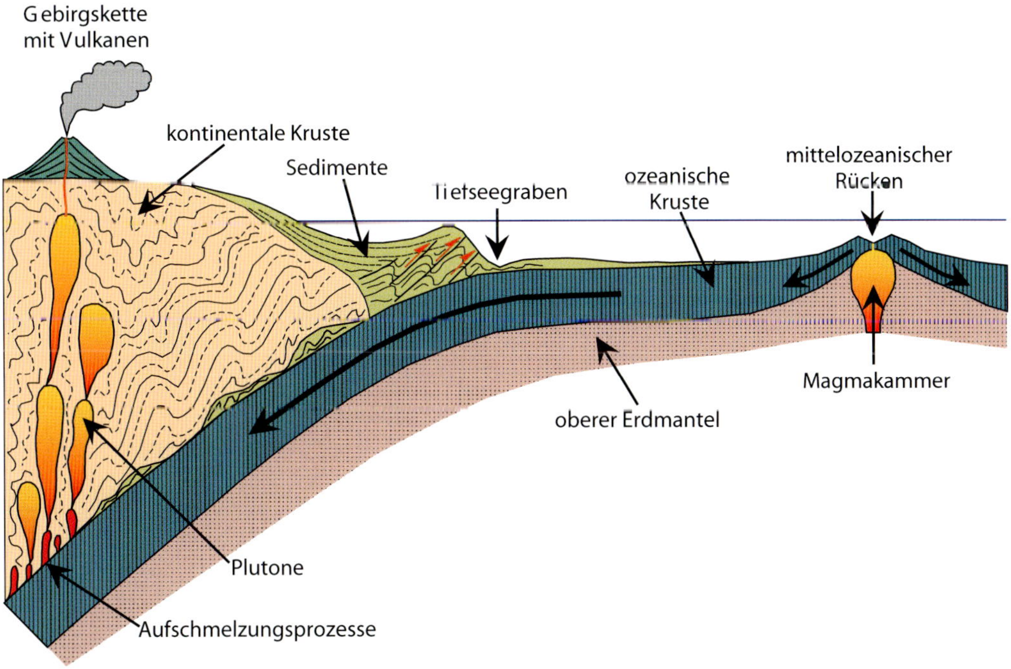

Abb. 79: Schematischer Schnitt durch eine Subduktionszone. Als Folge des Abtauchens einer ozeanischen Kruste unter kontinentale Kruste entsteht eine „Subduktionszone". In einer bestimmten Entfernung zum Tiefseegraben entwickelt sich am Kontinent eine Vulkankette mit aktivem Vulkanismus (Beispiel: Anden) und Granitintrusionen. Gleichzeitig kommt es als Folge der Plattenkollision zu Gebirgsbildungsprozessen (Faltung, Metamorphose). Der Tiefseegraben wird mit klastischen Tiefseesedimenten (hauptsächlich Turbidite) aufgefüllt, die Sedimente werden teilweise ebenfalls gefaltet.

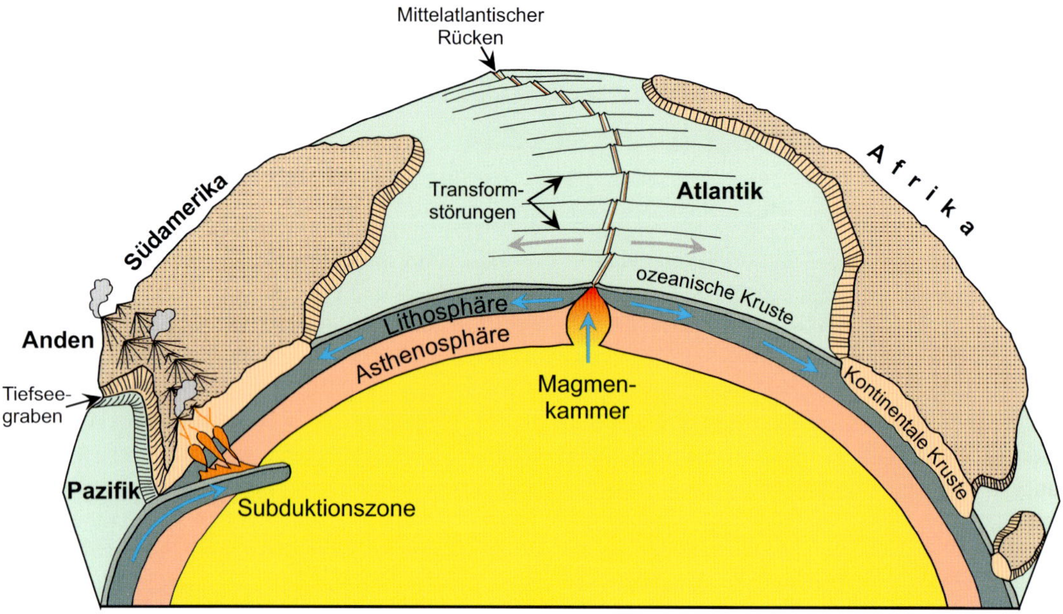

Abb. 80: Schematische Darstellung der Plattenbewegungen beiderseits des Mittelatlantischen Rückens, ausgelöst durch Prozesse des „Sea-Floor-Spreading" im Bereich des südlichen Atlantiks, sowie der Subduktion der pazifischen Platte unter die südamerikanische Platte entlang der Westküste Südamerikas (umgezeichnet nach WYLLIE 1976).

rund 10 cm/Jahr. Der Motor für die Drift der Lithosphärenplatten wird unter anderem in den Konvektionsströmen gesehen, die im oberen Erdmantel, der zu einem geringen Teil aufgeschmolzen ist, ablaufen. Die dazu notwendige Energie (Wärme) wird durch radioaktiven Zerfall freigesetzt.

Zwischen den einzelnen Lithosphärenplatten werden je nach dem Charakter der Bewegungen drei verschiedene Typen von Plattengrenzen unterschieden, nämlich

a) Mittelozeanische Rücken (divergierende Plattengrenzen),
b) Subduktionszonen (konvergierende Plattengrenzen) und
c) Transformstörungen (konservierende Plattengrenzen).

An den Mittelozeanischen Rücken bewegen sich zwei Platten auseinander, im Bereich von Subduktionszonen prallen zwei Platten aufeinander und an den Transformstörungen bewegen sich zwei Platten gegeneinander. Geologische Prozesse wie Erdbeben, Plutonismus, Vulkanismus, Metamorphose und Gebirgsbildung sind fast ausschließlich an Plattengrenzen gebunden und als Folge der dort auftretenden Bewegungen zweier Platten zueinander zu sehen (Abb. 79, 80).

In den Zentralgräben der Mittelozeanischen Rücken, die den Tiefseeboden um 2000 bis 3000 m überragen, wird durch Zufuhr basaltischer Schmelzen aus dem obersten Erdmantel laufend neue ozeanische Kruste gebildet. Die an Spalten im Zentralgraben austretenden basaltischen Laven werden vom kühlen Meerwasser abgeschreckt und es entstehen die bekannten Kissenlaven (Pillow-Laven). Im Bereich dieser Zentralgräben kommt es auch zu leichter Erdbebentätigkeit. Die neu gebildete ozeanische Kruste driftet mit Geschwindigkeiten von mehreren cm/Jahr von den Mittelozeanischen Rücken weg.

Da die Erde jedoch nicht an Umfang zunimmt, muss an anderen Stellen älteres Krustenmaterial wieder dem Erdmantel zugeführt werden. Dies geschieht im Bereich der Subduktionszonen, die auch als konvergierende oder destruktive Plattengrenzen bezeichnet werden.

Prallen zwei Lithosphärenplatten aufeinander, so wird die Platte mit der schwereren, ozeanischen Kruste unter die Platte mit der leichteren, kontinentalen Kruste abtauchen. Das abtauchende Krustenmaterial wird wieder dem Erdmantel zugeführt und von diesem assimiliert (Abb. 79, 80).

Es kann nur ozeanische Kruste in den oberen Erdmantel abtauchen, da diese aus basaltischen Gesteinen mit einem spezifischen Gewicht von ungefähr 3,0 g/cm³ aufgebaut ist. Die kontinentale Kruste ist mit einem spezifischen Gewicht von rund 2,7 g/cm³ deutlich leichter und kann aus diesem Grund nicht in den oberen Erdmantel abtauchen. Daher gibt es in den heutigen Ozeanen auch nirgends ozeanische Kruste, die älter als 150 Millionen Jahre ist. Die kontinentale Kruste dagegen ist stellenweise mindestens 3,9 Milliarden Jahre alt.

Jene Stellen, an denen eine Lithosphärenplatte als Folge der Kollision mit einer anderen Lithosphärenplatte in den oberen Erdmantel abtaucht, werden durch einen Tiefseegraben markiert. Die Tiefseegraben werden mit mächtigen klastischen Tiefseesedimenten aufgefüllt.

Prinzipiell können drei Arten von Plattenkollisionen auftreten:

a) Eine Platte aus ozeanischer Kruste kollidiert mit einer Platte aus kontinentaler Kruste. Als Folge dieser Plattenkollision taucht die Platte mit der ozeanischen Kruste unter die Platte mit der kontinentalen Kruste ab, und es entsteht ein Gebirge vom Anden-Typus.
b) Es kollidieren zwei Platten mit ozeanischer Kruste. Als Folge taucht eine der beiden Platten unter die andere in den Erdmantel ab und im Bereich der Kollisionszone entsteht ein Inselbogen (z. B. Japan, Philippinen).
c) Es kommt zu einer Kontinent-Kontinent-Kollision. Da kontinentale Kruste zu leicht ist, kann keine der beiden Platten abtauchen, sondern eine Platte schiebt sich über die andere, es entsteht ein Falten- und Deckengebirge mit einer sehr dicken kontinentalen Kruste (z. B. Himalaya).

Gebirgsbildungen beruhen im Wesentlichen auf dem Öffnen und Schließen von Ozeanen, der Produktion neuer ozeanischer Kruste im Bereich der Mittelozeanischen Rücken und der Subduktion älterer ozeanischer Kruste im Bereich der Subduktionszonen.

Das Entstehen und Vergehen von Ozeanen und die damit verbundenen Gebirgsbildungsprozesse können in 6 Entwicklungsstadien dargestellt werden, die auch als „Wilson-Zyklus" bezeichnet werden (Abb. 81):

1) **Embryonalstadium:** Durch das Aufdringen von Gesteinsschmelzen in eine kontinentale Kruste kommt es zu einer Aufwölbung und Dehnung der Kruste. Als Folge entsteht ein kontinentales Grabenbruchsystem, an tiefreichenden Spalten dringt Magma an die Erdoberfläche und es kommt zu vulkanischer Tätigkeit. Ein rezentes Beispiel ist das ostafrikanische Grabenbruchsystem.
2) **Jugendstadium:** Die Dehnungs- und Bruchtektonik dauert an und es erfolgt eine vollständige Trennung der beiden Kontinentalschollen. Dazwischen entsteht ein neuer, schmaler Ozean mit einem mittelozeanischen Rücken, an dem ständig neue ozeanische Kruste produziert wird. In diesem Stadium befindet sich derzeit das Rote Meer.
3) **Reifestadium:** Durch ständige Produktion neuer ozeanischer Kruste im Bereich des mittelozeanischen Rückens wandern die beiden ursprünglich zusammenhängenden Krustenschollen immer weiter auseinander und dazwischen entsteht ein breiter Ozean. Ein Musterbeispiel für dieses Stadium ist der Atlantische Ozean.
4) **Abklingendes Stadium:** An den Rändern des breiten Ozeans kommt es durch Änderungen in den Bewegungsrichtungen der einzelnen Lithosphärenplatten zur Entstehung von Subduktionszonen. Die vorher gebildete ozeanische Kruste taucht nun wieder in den oberen Erdmantel ab. Durch die anhaltenden Subduktionsprozesse wird der

Ozean wieder verkleinert, an den konvergenten Plattenrändern (Subduktionszonen) entstehen Tiefseegräben und Gebirge vom Anden-Typus und Inselbogen-Typus. Der Pazifische Ozean, der rundum von Subduktionszonen begrenzt ist, befindet sich heute in diesem Stadium.

5) **Endstadium:** Durch fortschreitende Subduktion der ozeanischen Kruste wird der Ozean immer kleiner und die ursprünglich weit auseinander liegenden Kontinentalschollen kommen sich immer näher. Das Mittelmeer als kleines Restmeer des ehemaligen Tethysozeans ist ein Beispiel für dieses Stadium.

6) **Geosutur:** Schließlich wird die ozeanische Kruste vollständig subduziert, der Ozean verschwindet ganz und es kommt zu einer Kontinent-Kontinent-Kollision. Als Folge schiebt sich ein Teil der kontinentalen Kruste über den anderen, die Gesteine werden zusammengeschoben, gefaltet, und es kommt zu Deckenüberschiebungen und metamorphen Prozessen. Miteingefaltet und metamorph überprägt werden auch Sedimentgesteine und ozeanische Krustenfragmente als Reste des ehemaligen Ozeans. Als Folge dieser Prozesse entstehen mächtige Falten- und Deckengebirge.

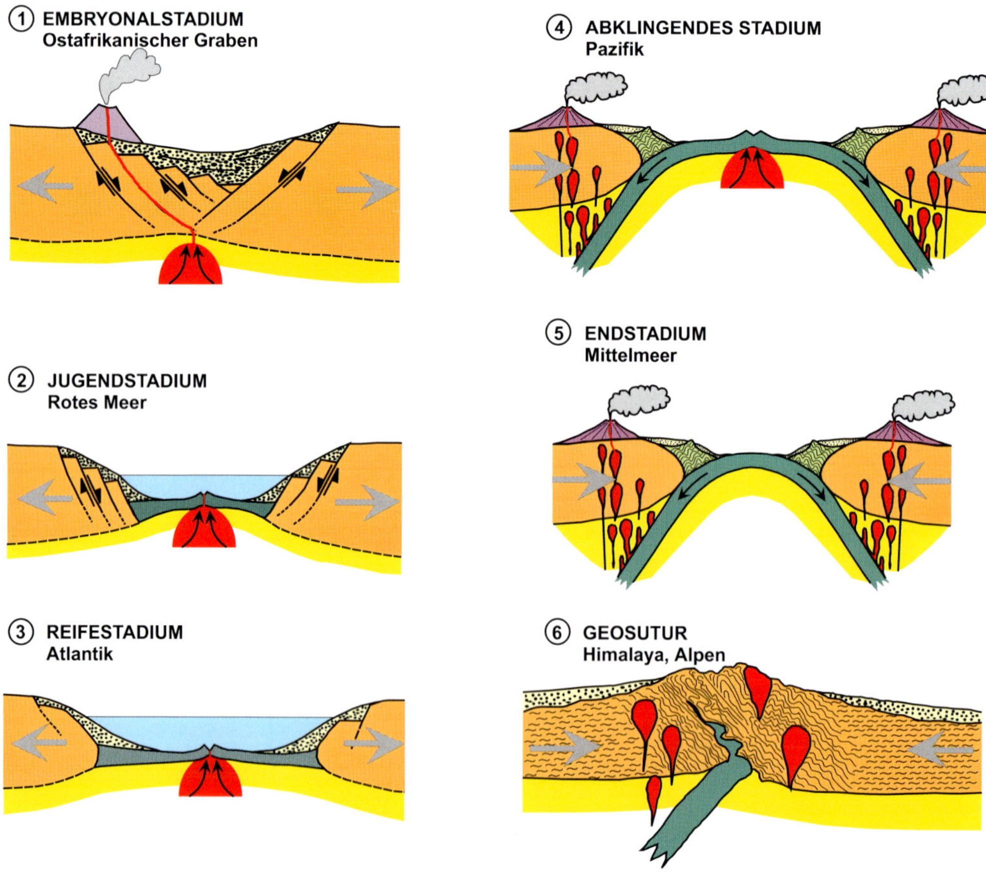

Abb. 81: Das Werden und Vergehen eines Ozeans und die damit verbundenen Prozesse der Gebirgsbildung nach dem Konzept der Plattentektonik („Wilson-Zyklus"), grobschematisch dargestellt. Die Stadien 4 bis 6, durch Plattenkollisionen und Subduktion charakterisiert, repräsentieren gleichzeitig Phasen der Gebirgsbildung. Auch die Alpen sind durch ähnliche Prozesse entstanden. Der ehemalige Penninische Ozean, der sich im Jura gebildet hat, wurde im Laufe der Kreide vollständig subduziert und als Folge der Plattenkollisionen ist ein riesiges Faltengebirge entstanden, das sich von den Alpen bis zum Himalaya erstreckt.

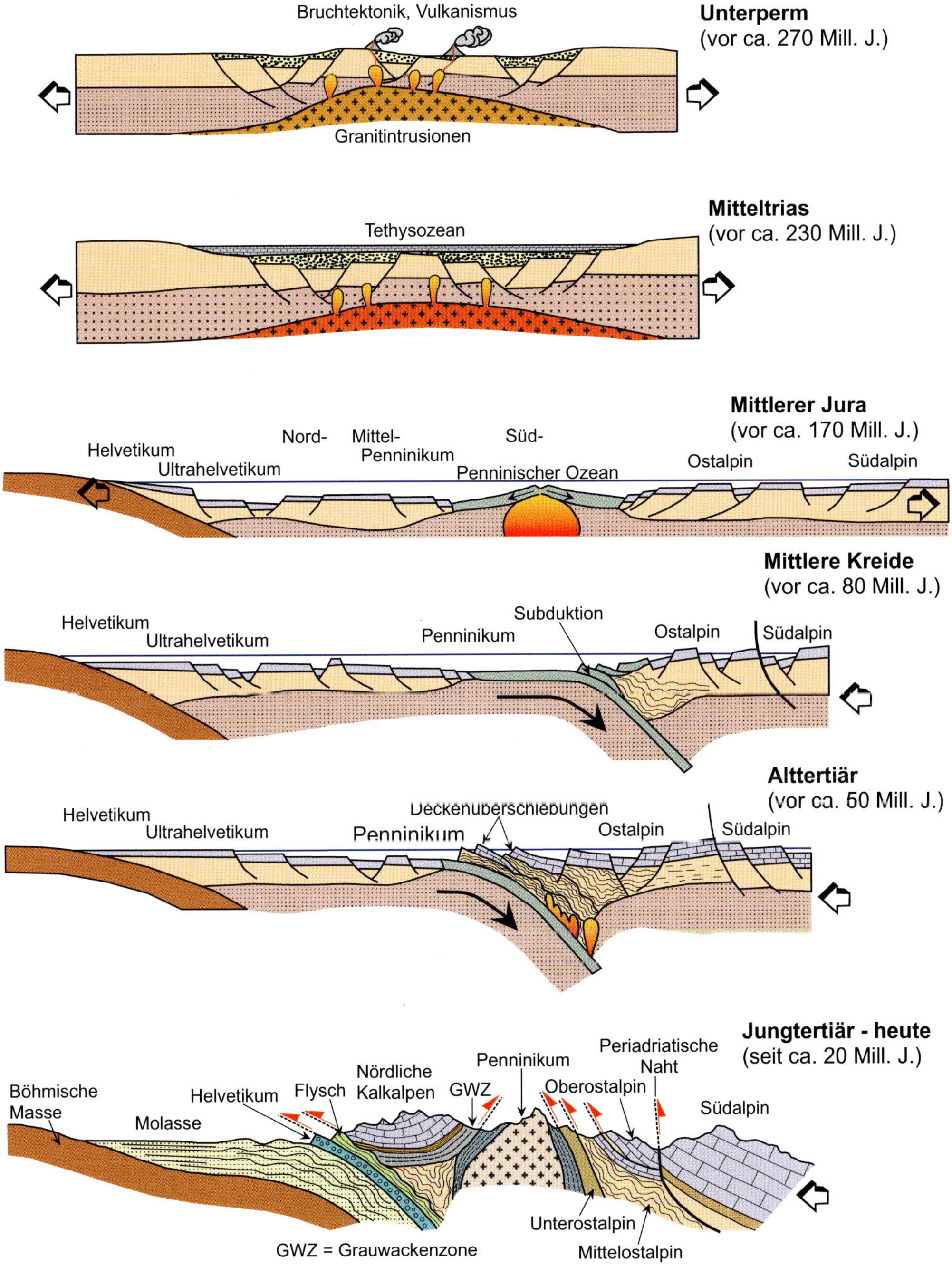

Abb. 82: Entwicklungsschema der alpidischen Gebirgsbildung im Bereich der heutigen Ostalpen vom Unterperm bis in das jüngste Tertiär (stark vereinfacht). Bis zum Beginn der Kreide war die Entwicklung durch Dehnungstektonik und der Entstehung eines Ozeans (Penninischer Ozean) geprägt, anschließend führten Plattenkollisionen und Subduktionsprozesse zur alpidischen Gebirgsbildung mit Deckenüberschiebungen, Faltung und Metamorphose.

Die letzten drei Phasen repräsentieren Phasen der Gebirgsbildung. Alle diese Phasen hat auch der ehemalige Tethysozean durchgemacht und als Folge ist im Zuge der alpidischen Gebirgsbildungsphase ein riesiges Falten- und Deckengebirgssystem entstanden, das sich vom Atlas über die Alpen, Karpaten bis in den Himalaya erstreckt.

Beginnen wir mit der Betrachtung der Entstehung der Alpen im Jungpaläozoikum, und zwar im Zeitalter des Perm (siehe dazu Abb. 82).

▶ Perm

Im Unterperm kam es zur Intrusion von granitischen bis tonalitischen Gesteinsschmelzen in Form großer Plutone in das während der variszischen Gebirgsbildung entstandene kristalline Grundgebirge („Altes Dach“) und die altpaläozoischen Gesteinsserien („Habach Formation“). Gleichzeitig wurden durch einsetzende Bruchtektonik lokale Becken und Senken herausgeformt, die mit dem Abtragungsschutt des variszischen Gebirges aufgefüllt wurden. In diesen Becken und Senken wurden vor allem Konglomerate und Sandsteine abgelagert, die wir als „Wustkogelserie“ kennen gelernt haben. An tiefreichenden Spalten konnte Magma stellenweise bis an die Erdoberfläche dringen, was im Unterperm zu vulkanischer Tätigkeit geführt hat. Gefördert wurden saure vulkanische Gesteine (v.a. Rhyolithe). Ursache für diese verstärkt im Unterperm abgelaufene Bruchtektonik, verbunden mit der Intrusion von Plutoniten und vulkanischer Tätigkeit, war eine bereits im Oberkarbon einsetzende starke Dehnung und Ausdünnung der Erdkruste in Mitteleuropa, ausgelöst durch eine Westdrift Afrikas und Ostdrift Europas.

▶ Trias

Während der Untertrias (Skyth) gelangten auf riesigen Schwemmebenen feinklastische Sedimente (vor allem Sandsteine und Siltsteine der Wustkogelserie) zur Ablagerung, das variszische Gebirge wurde fast völlig abgetragen und eingeebnet. Etwa zu Beginn der Mitteltrias (Anis) wurde dann der Ablagerungsraum von einem flachen, aus Südosten vordringenden Schelfmeer überflutet. In diesem flachen, weit ausgedehnten Schelfmeer, das als Tethys bezeichnet wird, wurden verschiedene karbonatische Sedimente (heute v.a. als Kalk- und Dolomitmarmore der Seidlwinkltrias vorliegend) abgelagert. In der Obertrias hat ein leichtes Zurückweichen des Meeres eine verstärkte feinklastische Einschüttung von Land zur Folge gehabt, es gelangten vorwiegend tonig-siltige und mergelige Sedimente zur Ablagerung, die heute als „Keuperfazies“ (Chloritoidschiefer im obersten Abschnitt der Seidlwinkltrias) vorliegen.

▶ Jura

Der Zeitabschnitt des Jura war von starker Dehnungstektonik gekennzeichnet. Mit Beginn des Jura einsetzende Bruchtektonik führte zu einem Zerbrechen des in der Trias entstandenen breiten Schelfmeerbereiches. Stellenweise kam es zu einer starken Absenkung und zu einer damit verbundenen Faziesdifferenzierung. Diese Prozesse markieren den Beginn der Öffnung des Penninischen Ozeans. Im Beckentiefsten führten Riftprozesse zur Bildung eines mittelozeanischen Rückens, an dem vor allem im mittleren und oberen Jura ozeanische Kruste produziert wurde. Reste dieser ehemaligen ozeanischen Kruste sind heute in Form von basischen und ultrabasischen, metamorphen Vulkaniten (Serpentinite, Prasinite, Amphibolite und Eklogite) vor allem in der Glocknerfazies der Oberen Schieferhülle erhalten.

Während in den Hochbereichen, am Rande des sich herausformenden Penninischen Ozeans im Jura die Flachwassersedimentation weiterging (Hochstegenfazies), es stellenweise durch lokale Heraushebungen sogar zur Abtragung älterer Gesteine kam, wurden im Penninischen Ozean mächtige Tiefseesedimente, hauptsächlich in Form von Turbiditen (Trübeströmen), abgelagert (Bündnerschiefer bzw. Kalkglimmerschiefer). Die beckentiefsten Sedimente sind in der Glocknerfazies enthalten, während die Brennkogelfazies Sedimente des Beckenrandes repräsentiert.

Kreide

In der Unterkreide endete die Dehnungstektonik und es setzte Einengungstektonik ein und damit begannen die eigentlichen Prozesse der alpidischen Gebirgsbildung.

Infolge der Einengungstektonik (Kollision von Platten) entwickelte sich eine nach Süden gerichtete Subduktionszone, an der während der Kreide ein Großteil der ozeanischen Kruste des Penninischen Ozeans wieder subduziert, dem Erdmantel zugeführt wurde. Im Zuge der Subduktion kam es auch zur ersten, altalpidischen Gebirgsbildungsphase (Oberkreide, vor rund 80 Mill. Jahren). Ostalpine Einheiten, die ursprünglich südlich des Penninischen Ozeans beheimatet waren, wurden als Decken über das Penninikum geschoben, verfaltet und übereinander gestapelt, dabei wurden die Kalkglimmerschiefer und Phyllite der Glockner- und Fuscherfazies aus dem Süden des penninischen Troges auf die nördlich anschließende Brennkogelfazies aufgeschoben. Ebenso wurde das Alte Dach (Altkristallin) des Granatspitzkernes abgeschert und in Form von Decken („Riffldecken") nach Norden transportiert. Die Zentralgneise wurden von der Tektonik ebenfalls erfasst, teilweise stark ausgewalzt und teilweise auf jüngere Gesteine (Obere Schieferhülle) aufgeschoben. Vielfach wurden Gesteine der Oberen Schieferhülle vom Zentralgneis abgeschert und als Decken bis zu einige Kilometer nach Norden verfrachtet. Die Subduktionsprozesse hatten gleichzeitig eine Hochdruckmetamorphose zur Folge, die vor allem Gesteine der Glocknerdecke erfasste und zur Entstehung der Eklogite führte (erste Hauptphase der Tauernkristallisation).

Tertiär

Gegen Ende der Kreide erlahmten die Subduktionsprozesse und setzten erst wieder ungefähr mit dem Eozän verstärkt ein. Dies

Abb. 83: Falte in Schiefern des Alten Daches, hinteres Kleinelendtal.

hatte eine zweite, jungalpidische Phase der Gebirgsbildung zur Folge, verbunden mit starker Durchbewegung und Deformation der Gesteine (Faltung, Deckenbewegungen; siehe Abb. 83–87). Infolge der Überlagerung durch ostalpine Gesteinseinheiten mit einer Mächtigkeit von ungefahr 15–20 km wurden nun sämtliche Gesteine des Tauernfensters von einer Regionalmetamorphose mit ihrem Höhepunkt vor rund 40–30 Mill. Jahren erfasst (zweite Hauptphase der Tauernkristallisation). Dabei wurden beispielsweise die im Unterperm eingedrungenen und zu Plutonen erstarrten granitischen und tonalitischen Schmelzen zum „Zentralgneis" umgewandelt und die Sedimente und Vulkanite der Oberen Schieferhülle zu verschiedenen metamorphen Gesteinen überprägt. Während dieser Phase entstanden auch die komplizierten tektonischen Strukturen der Glockner Querdepression.

Abb. 84: Gefaltete Kalkglimmerschiefer (Obere Schieferhülle; Glocknerdecke) im Bereich des Elisabethfelsens.

Aufschmelzungsprozesse in der tieferen Erdkruste führten zum Aufstieg von Gesteinsschmelze an tiefreichenden Spalten und zur Entstehung jungalpidischer Gänge im Altkristallin der Schobergruppe und der Defereggger Alpen sowie von Plutonen (z. B. Rieserferner Pluton). Diese jungalpidischen Intrusionsgesteine werden auch als „Periadriatika" bezeichnet, da sie in der Nähe der Periadriatischen Naht aufgedrungen sind.

Im Jungtertiär führte ein starker Nordschub des Südalpenblocks gegen das Ostalpin zu einer kuppelförmigen Aufwölbung und Heraushebung des Tauernfensters. Dies hatte zur Folge, dass die auf dem Penninikum auflagernden ostalpinen Decken abgeglitten sind, vor allem nach Westen und Osten, und in Verbindung mit der Erosion kamen die penninischen Gesteinsserien allmählich fensterartig zum Vorschein, das „Tauernfenster" ist entstanden. Mit der Aufwölbung der Gesteine des Tauernfensters, vor allem des Zentralgneises, war eine starke Dehnung verbunden. Dies führte zur Bildung der „alpinen Klüfte" (Zerrklüfte), die in der Folge durch die verschiedenen „alpinen Kluftminerale", die aus heißen Lösungen auskristallisiert sind, ausgefüllt wurden.

An der Entstehung der Alpen in ihrer heutigen Form, mit den teilweise gletscherbedeckten imposanten Gipfeln, schroffen Graten und tief eingeschnittenen Tälern, waren neben den endogenen, tektonischen Kräften in hohem Maße auch exogene Kräfte wie Verwitterung und Erosion beteiligt. Die Alpen sind, ebenso wie alle anderen Gebirge der Erde, das Produkt eines Wechselspieles zwischen endogenen, im Erdinneren wirksamen Kräften (Prozesse der Plattentektonik) und exogenen, an der Erdoberfläche wirksamen Kräften (Prozesse der Verwitterung und Erosion).

Abb. 85: Verfalteter Granat-Chloritoidschiefer. Margrötzenkopf.

Abb. 86: Störungen mit kleinen Verschiebungen zwischen den einzelnen Lagen im Ausmaß von wenigen Zentimetern. Altes Dach, Kleinelendtal.

Abb. 87: Deutlich ausgebildete Fiederklüfte in Kalkglimmerschiefern (Elisabethfelsen), die mit Kalzit verheilt sind (verlaufen von rechts oben nach links unten). Diese Klüfte entstanden durch eine Scherbeanspruchung des Gesteins.

6 Formung der Landschaft durch exogene Prozesse

6.1 Exogene Prozesse im Tertiär

Mit Beginn der gebirgsbildenden Prozesse und der damit verbundenen Faltung, den Deckenbewegungen und der Heraushebung über den Meeresspiegel setzten auch die exogenen Prozesse der Verwitterung und Erosion ein. Das sich herausformende Gebirge wurde gleichzeitig teilweise wieder abgetragen.

Als Verwitterung werden chemische und physikalische Prozesse bezeichnet, die an der Erdoberfläche aus der Wechselwirkung zwischen Hydrosphäre-Atmosphäre-Biosphäre und den Gesteinen ablaufen und zu einer mechanischen Zerlegung und einer chemischen Auflösung der Gesteine führen. Es entstehen „Verwitterungsprodukte".

Wie schon aus dem Begriff „Verwitterung" hervorgeht, spielt die Witterung bzw. das Klima, besonders Temperatur und Niederschlag, bei den Verwitterungsprozessen eine entscheidende Rolle.

Die meisten Minerale der Gesteine sind in der tieferen Erdkruste unter erhöhten Druck- und Temperaturbedingungen entstanden und auch nur unter diesen Bedingungen stabil. An der Erdoberfläche sind diese Minerale und damit auch die Gesteine instabil, sie verwittern daher.

Das wichtigste Agens der Verwitterung ist das Wasser. Es dringt in Klüfte und feine Risse des Gesteins ein, und wenn es gefriert, was mit einer Volumszunahme von 9 % verbunden ist, wird das Gestein mechanisch aufgelockert und zerlegt.

Im flüssigen Zustand umgibt das Wasser die einzelnen Mineralkörner der Gesteinsoberfläche und entfernt Ionen aus dem Kristallgitter, die Minerale werden dadurch chemisch aufgelöst und teilweise entstehen dabei neue, an der Erdoberfläche stabile Minerale.

Wasser ermöglicht Pflanzenwachstum, Pflanzenwurzeln produzieren organische Säuren, die wiederum das Gestein chemisch angreifen. Wurzeln dringen auch in Klüfte und Risse des Gesteins ein, und das Wurzelwachstum kann das Gestein ebenfalls mechanisch auflockern.

Bei der Verwitterung müssen wir daher zwischen mechanischer (physikalischer) und chemischer Verwitterung unterscheiden. Chemisch-biologische Verwitterungsprozesse in Verbindung mit Pflanzenwachstum spielen dabei nur eine untergeordnete Rolle.

Durch die Verwitterungsprozesse wird das Gestein generell in drei Materialgruppen zerlegt:

a) in gelöste Stoffe wie Ionen oder komplexe Verbindungen (durch chemische Verwitterung werden Minerale gelöst, die gelösten Stoffe werden mit dem Wasser weggeführt)
b) in feste Verwitterungsprodukte in Form mechanisch zerlegter und chemisch nicht veränderter Gesteinsbruchstücke verschiedener Größe
c) in während der Verwitterung neu gebildete Minerale. Diese entstehen aus der Reaktion H_2O mit Silikatmineralen. Diese Art der Verwitterung wird auch als Hydrolyse bezeichnet. Dabei entstehen H_2O-hältige Minerale, vor allem verschiedene Tonminerale (Kaolinit, Montmorillonit usw.), auch Fe- und Al-Hydroxide (Goethit, Lepidokrokit, Böhmit, Diaspor).

Sowohl die gelösten Stoffe als auch die festen Verwitterungsprodukte werden in der Regel erodiert, d.h. durch verschiedene Transportmedien (Wasser, Wind, Gletschereis) wegtransportiert und an anderer Stelle wieder abgelagert.

Gegenwärtig spielt in den Hohen Tauern vor allem die Erosion durch fließendes Wasser eine große Rolle. Während der quartären Vereisungsphasen war die Glazialerosion von großer Bedeutung. Abtragung durch den Wind (Deflation, Korrasion) spielte wohl zu allen Zeiten nur eine untergeordnete Rolle.

Im Bereich der Hohen Tauern laufen Verwitterungs- und Erosionsprozesse seit den ersten Heraushebungen im Zuge der Gebirgsbildungsprozesse, das heißt seit der Oberkreide, verstärkt seit dem Tertiär ab. Allerdings wurden die unter den ostalpinen Decken liegenden penninischen Gesteine erst im Laufe des Tertiärs freigelegt.

Die Verwitterungsprozesse unterschieden sich im Tertiär aufgrund des damals herrschenden warmen, wechselfeuchten, subtropischen Klimas grundlegend von den heutigen. Das damalige Klima begünstigte eine intensive chemische Verwitterung, mechanische Verwitterungsprozesse waren im Tertiär von geringerer Bedeutung. Reste dieser tiefgründigen tertiären Verwitterung sind an einigen Stellen, beispielsweise in den Nördlichen Kalkalpen, in Form von lateritischen und bauxitischen Roterdeböden, die reich an Fe- und Al-Hydroxiden sind, erhalten.

Etwa bis zum mittleren Tertiär war die Heraushebung der Alpen nicht sehr stark und konnte durch die tiefgründige chemische Verwitterung, die sämtliche Gesteine gleichermaßen erfasste, ziemlich ausgeglichen werden. Als Folge entwickelte sich im Tertiär zunächst ein sanftes Rumpfgebirge, aus dem nur einzelne Inselberge als Härtlinge herausschauten. Das Glocknermassiv wird beispielsweise als fossiler Inselberg gedeutet.

Infolge der tiefgründigen chemischen Verwitterung und des geringen Reliefs war im Tertiär die Tiefenerosion zunächst kaum wirksam, es erfolgte mehr eine flächenhafte Abtragung. Der Abtragungsschutt wurde in das Alpenvorland transportiert, wo mächtige Sedimente, die heute als Molasse bezeichnet werden, abgelagert wurden.

In den Hohen Tauern werden Verebnungsflächen in bestimmten Höhenniveaus als Reste einer ehemaligen tertiären Landoberfläche gedeutet. So werden beispielsweise die Altflächen am Johannisberg, Hohen Riffl, auf den Bärenköpfen oder der Adlersruhe als Reste alt- bis mitteltertiärer Landoberflächen interpretiert.

Eine tieferliegende, jüngere Verebnungsfläche, das sogenannte „Firnfeldniveau" (z. B. Schneewinkel, Rifflwinkel, Oberer Pasterzenboden, Wasserfallwinkel in der Glocknergruppe), wird ebenfalls als tertiäre Landoberfläche betrachtet, die durch Firnbedeckung weitgehend von der Frostverwitterung und Erosion verschont geblieben ist. Dasselbe gilt auch für das tieferliegende „Flachkarniveau" mit dem oberen Seidlwinkltal, oberen Karlingerboden, den Piffkaren, Granten -Viehbühel, dem Bereich zwischen Schwertboden, Salmhütte und Salmhöhe, dem Flachkar der Tschadin Alm im Ködnitztal oder dem großen Kar um die Grauen Böden im Teischnitztal, um einige Beispiele zu nennen.

Diese einzelnen Verebnungsflächen als Reste einer ehemaligen tertiären Landoberfläche sind durch Steilstufen voneinander getrennt. Dies weist darauf hin, dass die Heraushebung nicht gleichmäßig, sondern phasenhaft abgelaufen ist, wobei die Steilstufen während stärkerer Heraushebungsphasen entstanden sind.

Im Jungtertiär verstärkte sich die Heraushebung des Alpenkörpers, was eine verstärkte fluviatile Tiefenerosion zur Folge hatte. Im Zuge dieser Tiefenerosion bildete sich ein Kerbtalsystem heraus, das in Resten, als „Hochtalsystem", ebenfalls erhalten ist.

Beispiele dazu liefern der Pasterzentrog, das Dorfertal oberhalb des Dorfer Sees, im Ködnitztal das stark verschüttete Hochtal oberhalb des Lucknerhauses, das schmale, trogförmige Hochtal im Guttal oder der Mooserboden im Kapruner Tal.

Die verstärkte Tiefenerosion gegen Ende des Tertiärs schuf die jüngsten Talgenerationen mit Terrassenresten, Hangverflachungen usw., was ebenfalls auf eine phasenhafte, ruckartige Heraushebung und Aufwölbung des Tauernfensters hinweist. In den tektonisch ruhigeren Zeitabschnitten hat sich durch verstärkte Seitenerosion das Tal jeweils verbreitert, es entstanden Terrassen. Jede Heraushebungsphase hat dazu geführt, dass sich in diese Terrassen erosiv eine neue Talgeneration eingeschnitten hat. Bis auf die jüngsten Taleinschnitte existierten alle Reliefgenerationen bereits vor den quartären Vereisungsphasen.

Die intensive Zertalung der Hohen Tauern als Folge der verstärkten Heraushebung ist der jüngste exogene Prozess, der mit seinen Verwitterungs- und Erosionsvorgängen das feingegliederte Relief der Alpen, wie es uns heute entgegentritt, geschaffen hat. Während der quartären Vereisungsphasen ist auch die Gletschertätigkeit und damit verbundene Glazialerosion zu einem wichtigen geologischen Faktor geworden, durch den die Morphologie der Alpen entscheidend mitgeprägt wurde.

Während im Tertiär eine intensive und tiefgründige Verwitterung alle Gesteinsarten mehr oder weniger gleichmäßig erfasste und geologische Strukturen auf die Verwitterungs- und Erosionsprozesse scheinbar keinen großen Einfluss hatten, änderte sich dies mit der verstärkt einsetzenden Tiefenerosion gegen Ende des Tertiärs. Die Erosion folgte nun auch geologisch vorgezeichneten Schwächestellen, an denen das Gestein leichter erodierbar ist. Solche Schwächestellen sind einerseits Störungen und Störungszonen, an denen das Gestein häufig stark aufgelockert ist, oder Zonen weicher, verwitterungsanfälliger Gesteine wie diverse Schiefer und Phyllite der Matreier Zone oder der Oberen Schieferhülle.

Einige Täler folgen markanten Störungszonen (z. B. Salzachtal, unteres Mölltal als Verlängerung der Drautalstörung, Katschbergfurche, Brennerfurche), andere wiederum folgen leicht erodierbaren Gesteinszonen, wie beispielsweise das Virgental (Matreier Zone). Die meisten Täler verlaufen allerdings quer zu geologischen Strukturen und Gesteinszonen, was darauf hinweist, dass das Talsystem großteils schon sehr früh angelegt wurde.

Generell sind in den Hohen Tauern die Zentralgneise und bestimmte Altkristallingesteine (Ortho-, Paragneise, Amphibolite) am verwitterungsbeständigsten. Entsprechend sind die höchsten Gebirgsmassive häufig aus Zentralgneis aufgebaut (z. B. Hauptkamm der Zillertaler Alpen, Venedigergruppe, Granatspitzgruppe, Sonnblick, Ankogel-Hochalmspitzgruppe). Prasinite, die beispielsweise den Großglockner aufbauen, sind ebenfalls sehr verwitterungsresistent. Dagegen sind diverse Glimmerschiefer und Phyllite, besonders die Kalkglimmerschiefer der Oberen Schieferhülle, auch Serpentinite, sehr verwitterungsanfällig.

6.2 Exogene Prozesse im Quartär

Gegen Ende des Tertiärs kam es auch zu einer empfindlichen Abkühlung und im Quartär wurden die Alpen von mehreren Vereisungsphasen erfasst.

Mit diesem Klimaumschwung änderten sich auch die Verwitterungsprozesse. Seither dominieren in den Hohen Tauern physikalische (mechanische) Verwitterungsprozesse, während chemische Verwitterungsprozesse unbedeutend sind.

▶ Verwitterungsprozesse

In den Hohen Tauern ist seither die Frostverwitterung (Spaltenfrost) der dominante Verwitterungsprozess (Abb. 88, 89). Diese Art der mechanischen Verwitterung beruht auf der Eigenschaft des Wassers, beim Gefrieren sein Volumen um 9 % zu vergrößern. Wasser, das in Spalten und Klüfte des Gesteins eindringt, entwickelt beim Gefrieren durch die Volumszunahme eine große Sprengkraft und lockert dadurch das Gestein auf. Wichtig dabei ist, dass sich der Vorgang des Gefrierens oftmals wiederholt. Spaltenfrost ist daher besonders in jenen Gebieten wirksam, die eine hohe Zahl an „Frostwechseltagen" aufweisen. Das sind Tage, an denen die Temperatur im Tagesverlauf einmal unter den Gefrierpunkt sinkt und einmal über den Gefrierpunkt ansteigt (Gefrieren während der Nacht, Auftauen bei Tag). Die Zahl der Frostwechseltage ist im gemäßigten und nivalen bzw. periglazialen Klimabereich recht hoch. In den Alpen treten bis zu über 100 Frostwechseltage pro Jahr auf, am Sonnblick werden beispielsweise im Schnitt rund 160 Frostwechseltage pro Jahr registriert. In diesen Klimabereichen ist daher die Frostverwitterung besonders intensiv.

Daneben spielt in den Hohen Tauern auch die Temperaturverwitterung (Insolation) eine gewisse Rolle. Dieser Verwitterungsprozess beruht auf der Tatsache, dass sich mit der Temperaturänderung auch das Volumen der Minerale ändert. Die Minerale dehnen sich bei Erwärmung aus und schrumpfen bei Abkühlung. Wichtig dabei

Abb. 88: Durch Frostsprengung (Spaltenfrost) zerlegte Prasinite im Vorfeld der Pasterze.

Abb. 89: Durch Frostsprengung zerlegte Paragneise des Alten Daches im Vorfeld des Schlatenkeeses.

ist, dass bei gleicher Temperaturänderung die Volumsänderung unterschiedlicher Minerale verschieden groß ist. So erwärmen sich dunkle Minerale stärker als helle, entsprechend ist auch die Volumsänderung bei dunklen Mineralen größer als bei hellen. Außerdem sind die meisten Minerale anisotrop, sodass die Volumsänderungen in verschiedenen Richtungen verschieden groß sind. Die meisten Gesteine bestehen aus verschiedenen, aus hellen und dunklen Mineralen, die sich bei Temperaturänderungen unterschiedlich ausdehnen oder zusammenziehen. Dadurch entstehen Spannungen im Gestein, und wenn sich diese Prozesse oftmals wiederholen, wird das Gestein an der Oberfläche, wo die Temperaturänderungen wirksam sind, allmählich aufgelockert. Die Intensität der Temperaturverwitterung ist somit von den täglichen und jährlichen Temperaturschwankungen abhängig, wobei die Temperaturschwankungen an der Gesteinsoberfläche größer sind als in der Luft über dem Boden. Diese Art der Verwitterung ist in den Hohen Tauern stark von der Exposition abhängig und besonders an stark sonnenbeschienenen Hängen wirksam und an den schattigen Hängen praktisch unwirksam.

Von untergeordneter Bedeutung in den Hohen Tauern ist die Kohlensäureverwitterung (Kalklösung), die hin und wieder an Karbonatgesteinen beobachtet werden kann (an Kalkmarmoren und auch an Kalkglimmerschiefern). Dabei reagiert das im Niederschlagswasser enthaltene CO_2 zunächst zu Kohlensäure (H_2CO_3), diese bildet mit Kalk ($CaCO_3$) Kalziumbikarbonat ($Ca(HCO_3)_2$), welches im Gegensatz zu Kalk in Wasser leicht löslich ist. Als Folge der Kalklösung entstehen typische Erscheinungsformen wie Karren, Schlucklöcher, Dolinen, Karstspalten und Karsthöhlen (Abb. 90). Diese werden auch als Karsterscheinungen bezeichnet und sind nicht nur in den Kalkalpen zu finden, sondern auch in den Hohen Tauern, und zwar dort, wo Kalk- und Dolomitmarmore, Rauhwacken und Kalkglimmerschiefer aufgeschlossen sind (Obere Schieferhülle). Karsterscheinungen können beispielsweise im Bereich Kitzsteinhorn, im Piffkar und seiner Umgebung, entlang des GeoTrails Tauernfenster im Bereich der Tauernköpfe

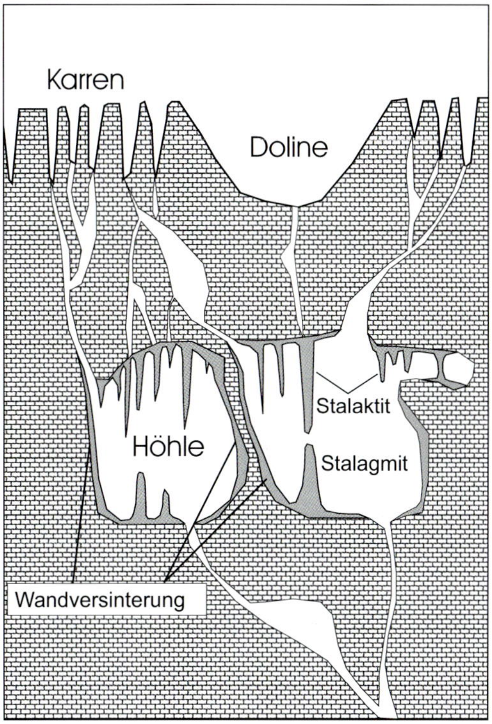

Abb. 90: Schematische Darstellung der häufigsten Karsterscheinungen.

(Abb. 91) oder im Leitertal beobachtet werden. Auch die bekannte Spannagel-Höhle, ein mehrere Kilometer langes Karsthohlensystem im Hochstegenmarmor südlich von Hintertux im Westabschnitt des Tauernfensters, ist als Folge der Kalklösung entstanden.

Ganz lokal ist auch reine Lösungsverwitterung wirksam, und zwar dort, wo Gips aufgeschlossen ist. Solche Lösungserscheinungen im Gips können im Ködnitztal bei Kals und im Bereich des Tauernkopfes beobachtet werden.

▶ Die geologische Tätigkeit der Gletscher

Die hochalpine Gebirgswelt der Hohen Tauern wird gekrönt von zahlreichen Gletschern, die dieser Hochgebirgslandschaft einen besonderen Reiz verleihen und jährlich zahlreiche Besucher aus nah und fern anlocken. Immerhin bedecken die 479 Gletscher der Hohen Tauern eine Fläche von rund 260 km². Die Venedigergruppe ist mit fast 90 km² Gletscherfläche, das sind 16 % der Gesamtfläche, die am stärksten

Abb. 91: Stark verkarstete Oberfläche mit kleinen Dolinen in Kalkmarmoren der Seidlwinkltrias im Bereich des Tauernkopfes östlich vom Hochtor.

vergletscherte Gebirgsgruppe, gefolgt von der Glocknergruppe mit rund 60 km² oder 12 %.

Gletscher sind dynamische „geologische Körper“, die auf klimatische Veränderungen mit Vorstoß oder Rückzug reagieren und durch die Bewegungen des Gletschereises exogene Prozesse der Erosion, des Transportes und der Sedimentation ausüben. Dadurch sind Gletscher sehr wesentlich an der morphologischen Gestaltung des Hochgebirges beteiligt. Das Relief der Hohen Tauern wurde vor allem während der quartären Vereisungsphasen stark von den Gletschern überprägt und geformt.

Gletscher beeinflussen neben der Morphologie auch das lokale und weltweite Klima, stärkere Gletscherschwankungen führen zu weltweiten Meeresspiegelschwankungen. So war beispielsweise während der letzten Vereisungsphase im Quartär, als riesige Wassermassen in Form von Gletschereis auf den Kontinenten gespeichert waren, der Meeresspiegel um maximal rund 120 m abgesenkt. Ein Abschmelzen der gesamten heutigen Eismassen würde den Meeresspiegel um rund 60 m anheben.

Vor der Diskussion der geologischen Tätigkeit von Gletschern sollen zum besseren Verständnis einige allgemeine Bemerkungen vorangestellt werden.

Voraussetzung für die Entstehung eines Gletschers ist, dass der Niederschlag in fester Form, als Schnee, fällt und dass ein Teil des Schnees das ganze Jahr über liegen bleibt, sodass sich über einen längeren Zeitraum größere Schneemassen ansammeln können, die dann allmählich in Gletschereis umgewandelt werden.

Unter Gletscher versteht man allgemein einen natürlich gebildeten Eiskörper an Land, der sich in Bewegung befindet und Eis vom Akkumulationsgebiet (Nährgebiet) zum Ablationsgebiet (Zehrgebiet) transportiert. Nicht alle Eiskörper an Land sind Gletscher, beispielsweise das Eis der Permafrostböden oder Toteiskörper.

Gletschereis ist eigentlich ein Gesteinstyp, und zwar ein ganz besonderer Gesteinstyp, der aus dem Mineral Eis besteht, einem ungewöhnlichen Mineral mit einem sehr niedrigen Schmelzpunkt von 0 °C (der Schmelzpunkt der meisten Minerale liegt über 1000 °C). Ähnlich wie Steinsalz, Gips oder Kalkmarmor ist Gletschereis monomineralisch, besteht nur aus Eismineralen.

Gletschereis entsteht durch verschiedene Prozesse aus Schnee. Durch Kompaktion und Umkristallisation bildet sich aus dem Schnee zunächst Firn und schließlich Gletschereis, ganz ähnlich wie aus einem Lockersediment ein festes Sedimentgestein entsteht. Entsprechend besitzt Gletschereis Eigenschaften eines metamorphen Gesteins. Ein Teil des Gletschereises entsteht auch direkt durch Kristallisation aus Wasser (ähnlich wie magmatische Gesteine aus einer Gesteinsschmelze auskristallisieren).

Die Umwandlungsprozesse, durch die aus frisch gefallenem Schnee zunächst Firn und schließlich Gletschereis entsteht, werden daher auch als Metamorphose bezeichnet.

Die Umwandlung des Schnees erfolgt dabei in mehreren Phasen, die als abbauende (destruktive) Metamorphose, aufbauende (konstruktive) Metamorphose und Schmelzmetamorphose bezeichnet werden.

Durch Verdunstung, Wasserdampftransport und Sublimation werden zunächst die komplex gebauten, hexagonalen Schneekristalle zu kleinen runden Eiskörnern abgebaut, anschließend kommt es durch aufsteigenden Wasserdampf infolge von Temperaturunterschieden in der Schneedecke zum Aufbau größerer Schneekristalle, sodass aus frisch gefallenem Neuschnee mit der Zeit ein körniger Altschnee entsteht. Durch Schmelzen und Wiedergefrieren geht daraus ein stärker verfestigter Schnee hervor, der nach Überdauern einer sommerlichen Schmelzperiode als Firn bezeichnet wird. Durch weitere Sammelkristallisation infolge von Druckschmelzen und Wiedergefrieren bildet sich aus Firn schließlich Gletschereis. In den gemäßigten Breiten, auch in den Alpen, erfolgt die Umwandlung von Schnee zu Gletschereis innerhalb von rund 15–20 Jahren. In den polaren Gebieten dagegen dauert dieser Vorgang aufgrund der geringen Temperaturen teilweise mehr als 100 Jahre. Daher ist in der Antarktis Gletschereis vielfach erst unter einer 40 bis 150 m dicken Schneedecke anzutreffen.

Durch diese Prozesse ändern sich die Dichte, der Porenanteil, Luftgehalt und die Struktur. Neuschnee besitzt eine mittlere Dichte von 0,1 und als Folge der lockeren Packung der hexagonalen Schneekristalle einen sehr hohen Porenanteil und Luftgehalt (90 %). Bei Altschnee beträgt die Dichte schon rund 0,35 bei einem Luftgehalt von rund 62 %, Nassschnee besitzt eine Dichte von 0,3–0,6 bei einem Luftgehalt von 67–35 %, Firnschnee eine Dichte von 0,6–0,8 bei einem Luftgehalt von 35–13 %, Gletschereis eine Dichte von 0,8–0,9 bei einem Luftgehalt von 13–2 %. Gletschereis besitzt allerdings keine Permeabilität, die Luft ist in Form von Luftblasen im Eis eingeschlossen. Porenfreies (luftfreies) Gletschereis, das in der Natur nicht vorkommt, hat eine Dichte von 0,917.

Bezüglich der Temperaturen des Gletschereises werden grundsätzlich zwei Typen von Gletschern unterschieden:

a) warme oder temperierte Gletscher der gemäßigten Breiten und
b) kalte oder polare Gletscher der polaren Gebiete (Arktis, Antarktis).

Bei temperierten Gletschern liegt die Temperatur des Gletschereises im Zehrgebiet mit Ausnahme der Wintermonate im Bereich des Druckschmelzpunktes. Unter diesen Bedingungen befinden sich Schmelzwasser und Eis im Gleichgewicht. Bei temperierten Gletschern kann sich dadurch an der Basis, an der Grenze zum Gesteinsuntergrund, ein dünner Schmelzwasserfilm bilden. Dagegen liegt die Temperatur des Gletschereises bei polaren Gletschern praktisch ständig unter dem Druckschmelzpunkt. Dies spielt bei der Bewegung der Gletscher eine große Rolle. Durch die Bildung von Schmelzwasser an der Unterseite bewegen sich temperierte Gletscher durch „basales Gleiten“ über den Untergrund, während polare Gletscher an den Untergrund mehr oder weniger festgefroren sind. In den Alpen haben wir es ausschließlich mit temperierten Gletschern zu tun.

Ab einer bestimmten Eisdicke beginnt Gletschereis auf einer geneigten Fläche unter dem Einfluss der Schwerkraft abwärts zu fließen. In den tieferen Eisschichten werden durch den Überlagerungsdruck die Eiskristalle deformiert, Kristallflächen regeln sich zueinander parallel ein und entlang dieser Kristallflächen kommt es dann

Abb. 92: Im Zungenbereich der Pasterze ausstreichende Scherfläche im Gletschereis. Entlang solcher Scherflächen „fließt" der Gletscher (25.6.2001).

Abb. 93: Zahlreiche, parallel zueinander verlaufende Scherflächen im Gletschereis, Zungenende der Pasterze (16.6.1993).

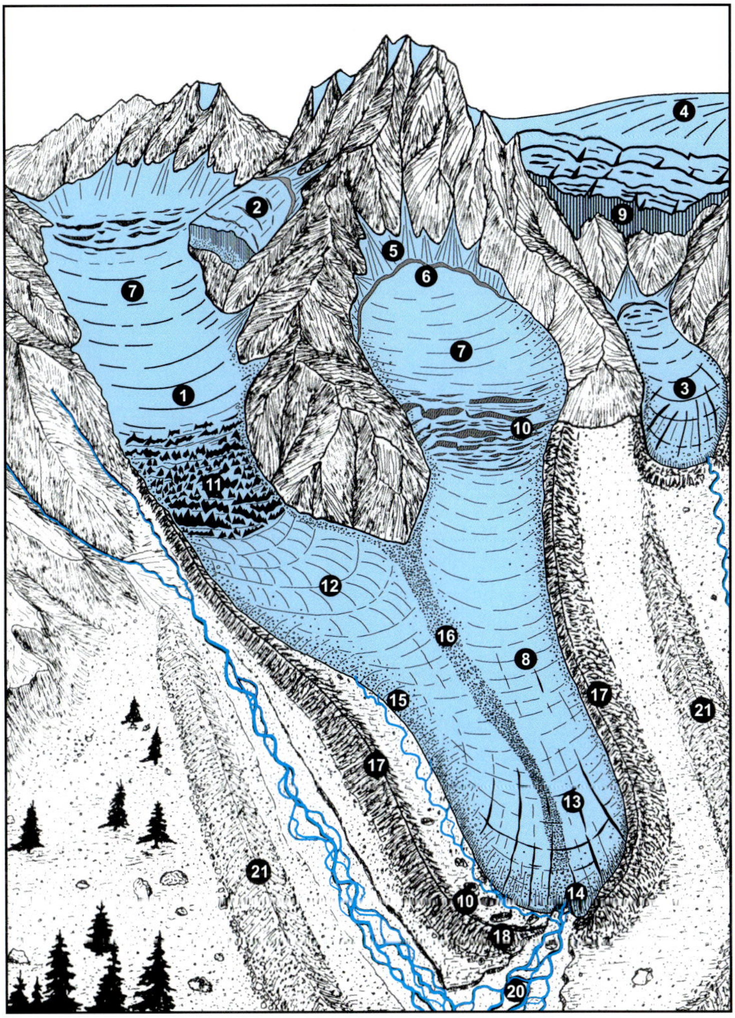

Abb. 94: Einige charakteristische glaziale Erscheinungen:
1 Talgletscher, 2 Hängegletscher, 3 regenerierter Gletscher, 4 Plateaugletscher, 5 Wandvergletscherung, 6 Bergschrund, 7 Firnbecken (Nährgebiet), 8 Zehrgebiet, durch die Firnlinie FL getrennt, 9 Eisabbruch, 10 Gletscherbruch mit Querspalten, 11 Gletscherbruch mit Seracs, 12 Ogiven, 13 Gletscherspalten, 14 Gletscherzunge mit Gletschertor, 15 Oberflächenmoräne, 16 Mittelmoräne, 17 Seitenmoräne, 18 Stirnmoräne, 19 Toteislöcher, 20 Sanderfläche, von Schmelzwässern in Form eines verzweigten Rinnensystems durchflossen, 21 Moränenwälle eines älteren Eishochstandes.

zu Gleitbewegungen. Es können auch parallele Scherflächen gebildet werden, an denen bevorzugt Gleitbewegungen ablaufen (Abb. 92, 93).

Durch die Bildung eines Schmelzwasserfilmes an der Grenze Gletschereis–Gesteinsuntergrund kann sich ein temperierter Gletscher über den Untergrund bewegen, sodass sich die Fließbewegung eines temperierten Gletschers aus den internen Fließbewegungen im Gletschereis und den Gleitbewegungen des Gletschers über den Felsuntergrund (basales Gleiten) zusammensetzen. Die Fließgeschwindigkeiten sind an der Basis und an den Rändern eines Gletschers infolge der Reibung am geringsten und nehmen nach oben und zur Gletschermitte hin zu, wo die größten Geschwindigkeiten gemessen werden.

Unterschiedliche Fließgeschwindigkeiten, die durch Hindernisse im Untergrund noch verstärkt werden können, führen zu Spannungen im Gletschereis und dadurch zum Aufreißen von oft tiefreichenden Gletscherspalten (Randspalten, Transversal-, Radial-, Longitudinalspalten usw.).

In den Hohen Tauern handelt es sich vor allem um Kargletscher, Hängegletscher und Wandgletscher sowie um alpine Talgletscher (siehe Abb. 94–101). Selten sind auch kleine Plateaugletscher und Nischengletscher entwickelt. Vor allem Kargletscher sind in den Hohen Tauern weit verbreitet. Die meisten Gletscher der Schobergruppe

Abb. 95: Die Pasterze ist ein typischer alpiner Talgletscher. Deutlich erkennbar sind die Gletscherspalten. Im Vordergrund ist am Gletscherrand eine schöne Kragenmoräne entwickelt. Im Hintergrund der Johannisberg (3463m) mit dem Eisbruch im Bereich des Oberen Pasterzenbodens (4.10.1991).

Abb. 96: Obersulzbachkees (westlicher Lappen), ein typischer alpiner Talgletscher, mit Kleinem Maurerkeeskogel (links) und Hinterem Maurerkeeskogel (rechts), dazwischen das Maurertörl (23.10.2004) (Aufnahme J. Lerch).

Abb. 97: Blick auf das Untersulzbachkees (Venedigergruppe), dem wohl schönsten und eindrucksvollsten Talgletscher der Ostalpen (Aufnahme A. Spieler, 3.10.1986).

Abb. 98: Hochalmspitze mit Großelendkees (Hochalmspitz-Ankogelgruppe) (9.9.2002).

Abb. 99: Schöner Hängegletscher auf der Nordseite des Roten Knopfes (3281 m), Schobergruppe (Talschluss des Gößnitztales) (10.9.1998).

Abb. 100: Umbalkees (Venedigergruppe), Zungenende mit Gletschertor und vorgelagertem kleinen Sandersee. Die Oberfläche des Gletschers ist stark zerfurcht und von zahlreichen Spalten durchzogen (A. Spieler, 14.8.1983).

Abb. 101: Großer Hornkopf (3251 m) mit dem Horn-Kees als Beispiel für einen Kargletscher (Schobergruppe, 5.10.1991).

sind beispielsweise Kargletscher. Die schönsten alpinen Talgletscher sind die Pasterze als größter Ostalpengletscher mit einer Länge von rund 9 km (Abb. 95) sowie das Untersulzbachkees in der Venedigergruppe (Abb. 97). Ein typischer Hängegletscher ist beispielsweise in der Nordflanke des Roten Knopfes in der Schobergruppe entwickelt (Abb. 98). Im Gipfelbereich des Petzecks liegt ein kleiner, flacher Plateaugletscher (siehe auch Abb. 96, 99, 100, 101).

Jeder Gletscher ist gekennzeichnet durch zwei Bereiche, einer Akkumulationsfläche („Nährgebiet") im oberen Teil und einer Ablationsfläche („Zehrgebiet") im unteren Teil. Beide Flächen werden durch die „Schneegrenze" (Firnlinie, Gleichgewichtslinie) getrennt. Die Lage der Schneegrenze ändert sich saisonal in Abhängigkeit von den Witterungsverhältnissen.

Gletschereis bildet sich oberhalb der Schneegrenze, auf der Akkumulationsfläche, wo der Niederschlag überwiegend bis ausschließlich in Form von Schnee fällt, der Schnee auch im Sommer liegen bleibt und sich dadurch anhäuft. Neben Schneefall spielt auch die Anwehung von Schnee durch den Wind und Zufuhr durch Lawinenschnee eine große Rolle.

Im Ablationsgebiet, unterhalb der Schneegrenze, überwiegen dagegen die Abschmelzprozesse. Der Abbau des Gletschereises erfolgt dabei durch Verdunstung und Abschmelzen. Diese Vorgänge laufen bei temperierten Gletschern sowohl an der Oberfläche (supraglazial) als auch an Spalten im Gletschereis (inglazial) und an der Gletscherunterseite (subglazial) ab. Schmelzwässer fließen entsprechend teils in oberflächlichen Abflussrinnen (Abb. 102, 103), teils in Gletscherspalten, teils in subglazialen Kanälen und Tunnels ab und verlassen den Gletscher meist durch ein Gletschertor (Abb. 106–109).

Dünne Schutt- und Staublagen am Gletscher fördern infolge ihrer guten Wärmeaufnahme die Abschmelzprozesse, dadurch entstehen charakteristische „Schmelzlöcher". Dicke Schuttlagen verzögern dagegen den Abschmelzprozess,

Abb. 102: Mäanderförmige Schmelzwasserrinne am moränenfreien Zungenbereich der Pasterze (25.6.2001).

Abb. 103: Tief in das Gletschereis eingeschnittene Schmelzwasserrinne im Zungenbereich der Pasterze (21.9.1992).

Abb. 104: Schöner Gletschertisch mit einer großen Steinplatte auf der Pasterze (16.6.1993).

Abb. 105: Großes, eingebrochenes Gletschertor im Zungenbereich der Pasterze (25.6.2001).

Abb. 106: Gletschertisch im Zungenbereich des Schlatenkeeses (6.8.1996).

Abb. 107: Zungenende des moränenbedeckten (südlichen) Teiles der Pasterze am 27.7.1992 mit eingebrochenem Gletschertor. Die Gletscheroberfläche ist mit Moränenschutt bedeckt. Unter dem Gletschereis fließen die Schmelzwässer in Form eines beachtlichen Gletscherbaches hervor.

Abb. 108: Zungenende des Schlatenkeeses mit schönem Gletschertor (5.8.1990). Das Gletschereis ist von Moränenschutt bedeckt, zu erkennen sind auch oberflächlich abfließende Schmelzwässer.

Abb. 109: Zungenende des Umbalkeeses mit schönem Gletschertor (A. Spieler, 14.8.1983).

Abb. 109a: Zungenende des Umbalkeeses mit schönem Gletschertor (A. Spieler, 14.8.1983).

Abb. 110: Gletscherstirn des Schlatenkeeses (5.8.1990). Das Gletschereis liegt direkt auf aplitisch durchäderten Gneisen des Alten Daches. Die Schieferung der Gneise verläuft von rechts unten nach links oben. Zwischen Gletschereis und Gneisen sind einzelne Gesteinsblöcke eingelagert, die durch die Eisbewegungen in den Gneisen deutliche Gletscherschrammen verursacht haben (verlaufen quer zur Schieferung der Gneise und zeigen die Fließrichtung des Eises an).

Abb. 111: Alte Gletscherschliffe in Glimmerschiefern (Altkristallin der Schobergruppe), Umgebung der Elberfelder Hütte (Gößnitztal).

Abb. 112: Gletscherschliffe mit Sichelausbrüchen in Prasiniten der Glocknerfazies im Bereich des Elisabethfelsens im Vorfeld der Pasterze.

Abb. 113: Deutlich erkennbare Gletscherschrammen auf der vom Gletscher abgeschliffenen Gesteinsoberfläche aus Kalkglimmerschiefern im Bereich des Elisabethfelsens im Vorfeld der Pasterze.

Abb. 114: Schöne Sichelausbrüche im Tonalitgneis, Gletscherweg Obersulzbachtal.

Abb. 115: Ein vom Gletscher aus dem Gesteinsuntergrund herausgeformter Rundhöcker mit zahlreichen Gletscherschrammen im Stirnbereich des Schlatenkeeses.

dadurch entstehen oft die typischen Gletschertische (Abb. 104, 106).

Der Gletscherhaushalt ist positiv, wenn der Zuwachs in Form von Schnee auf der Akkumulationsfläche größer ist als der Abschmelzbetrag im Bereich der Ablationsfläche. Ist der Gletscherhaushalt über mehrere Jahre hinweg positiv, so stößt der Gletscher vor. Halten sich Schneezuwachs und Abschmelzrate die Waage, ist der Gletscherhaushalt ausgeglichen, der Gletscher stagniert. Ist der Schneezuwachs geringer als die Abschmelzrate, so spricht man von negativem Gletscherhaushalt, der Gletscher reagiert mit Rückzug. Derzeit sind alle Gletscher durch einen stark negativen Gletscherhaushalt, verbunden mit einem entsprechenden Rückzug der Gletscherzungen gekennzeichnet.

Bewegt sich ein Gletscher talwärts, so übt er dabei verschiedene exogene Prozesse aus: Erosion, Transport und Sedimentation. Je größer ein Gletscher und je mächtiger das Gletschereis ist, desto stärker sind die exogenen Prozesse, vor allem die Glazialerosion. Diese Prozesse waren besonders während der quartären Vereisungsphasen von großer Bedeutung, als fast die gesamten Alpen von Gletschereis bedeckt, die Täler von einem gewaltigen Eisstromnetz ausgefüllt waren und die Gletscher teilweise weit in das Alpenvorland hinausreichten.

Die Glazialerosion beruht auf der schürfenden (kratzenden, schleifenden, scheuernden) Wirkung des sich talwärts bewegenden Gletschereises, wobei das Eis selbst keine große Erosionskraft ausübt. Die Erosion geht auf die an der Sohle des Gletschers mitgeschleppten Gesteinsbrocken unterschiedlicher Größe zurück. Durch die schürfende Tätigkeit dieser durch den Druck des überlagernden Gletschereises gegen den Felsuntergrund gedrückten Gesteinsbrocken werden Unebenheiten im Gesteinsuntergrund ausgeglichen, Kerbtäler (V-Täler) werden zu Trogtäler (U-Täler) umgeformt und es entstehen dabei charakteristische Erosionsmerkmale wie Rundhöcker

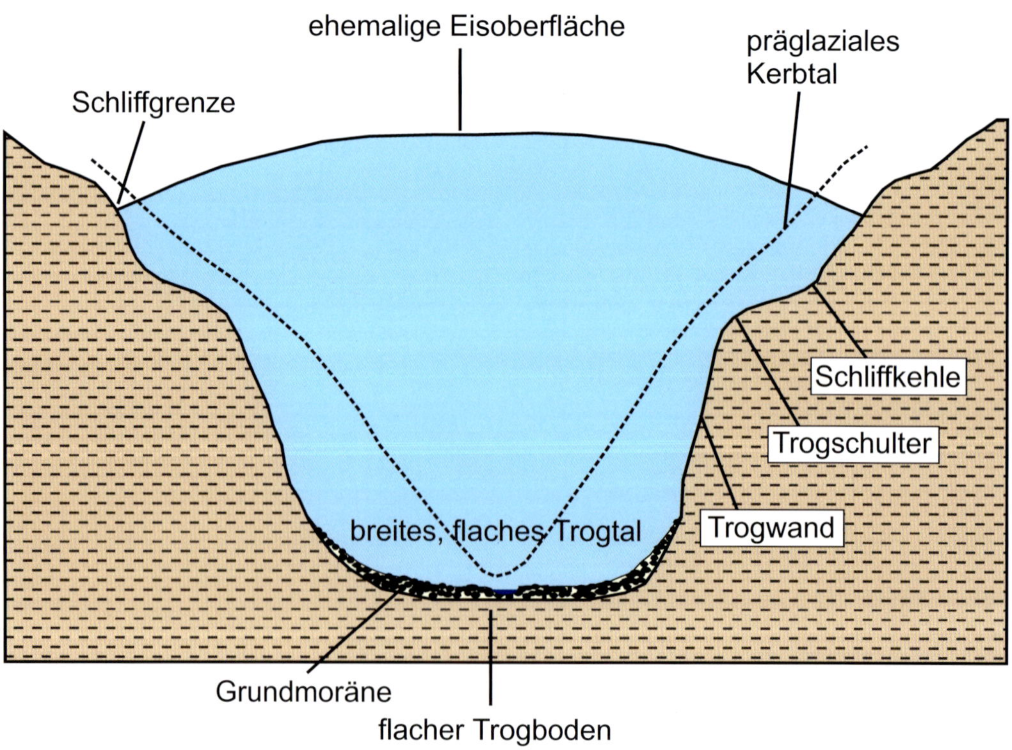

Abb. 116: Schematisches Querprofil durch ein glazial geformtes Trogtal.

Abb. 117: Das Timmeltal (Venedigergruppe) ist ein ideal geformtes Trogtal, das mit einer Steilstufe in das Haupttal (Virgental) mündet (Hängetal). Blick talauswärts (nach Süden) (G. Poscher).

Abb. 118: Das Ködnitztal mit dem Großglockner im Hintergrund. Der trogförmige Talquerschnitt ist deutlich zu erkennen.

Abb. 119: Das Obersulzbachtal ist ein klassisches Trogtal mit steilen Trogwänden auf beiden Talseiten (Blick talauswärts).

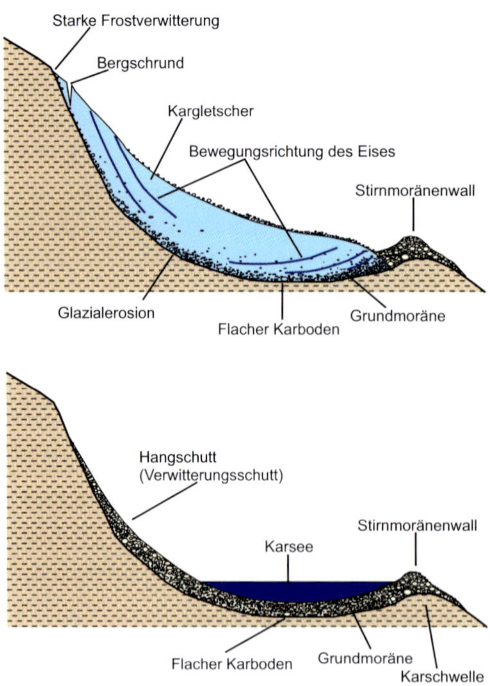

Abb. 120: Schematische Querprofile durch ein Kar, im oberen Bild mit einem Kargletscher ausgefüllt. In der unteren Abbildung wird der Karboden von einem Karsee, der durch eine Karschwelle mit einem Moränenwall aufgestaut wird, eingenommen.

und Gletscherschliffe mit Kratzspuren („Gletscherschrammen") und Sichelausbrüchen (Abb. 110–115). Gletscherschrammen zeigen die ursprüngliche Fließrichtung des Eises an. Durch Wiedergefrieren der Schmelzwässer an der Unterseite der Gletscher im Druckschatten von Hindernissen können aus dem Felsuntergrund auch Gesteinsbrocken herausgerissen werden.

Trogtäler sind gekennzeichnet durch einen breiteren, relativ flachen Trogboden, übersteilte Trogwände, einer Trogschulter und einer durch verstärkte Frostverwitterung am ehemaligen Gletscherrand herausgeformten Schliffkehle. Die meisten Täler der Hohen Tauern bilden schöne Beispiele für durch Glazialerosion geformte Trogtäler (siehe Abb. 116–119).

Auch die Karbildung ist eine Folge der Eiserosion. In geschützten Mulden oberhalb der Schneegrenze entsteht durch Schneeanwehung zunächst ein Firnfeld und schließlich ein kleiner Gletscher. An der Grenze Gletscher–Gestein kommt es infolge größerer Temperaturunterschiede (Gestein absorbiert die Sonnenenergie und erwärmt sich, firnbedeckter Gletscher

Abb. 121: Das Gamskarl mit dem Eiskeller am Fuße des Schwertecks (links) und Schwertkar mit Schwertkopf (rechts) auf der Nordseite des Leitertales sind zwei klassische Kare, eingebettet in Kalkglimmerschiefer der Oberen Schieferhülle.

reflektiert einen Großteil der Sonnenenergie) und wiederholter Auftau- und Gefrierprozesse zu verstärkter Frostverwitterung („Schwarz-Weiß-Verwitterung"). Das dabei entstehende Lockermaterial wird durch den sich talwärts bewegenden Gletscher, auch durch Schmelzwässer abtransportiert und an der Stirn des Kargletschers als Moränenwall angehäuft. So entsteht im Laufe der Zeit ein Kar mit steilen Wänden und einem relativ flachen Karboden. Viel Kare sind durch die Glazialerosion übertieft und werden durch eine Karschwelle in Form eines Felsriegels, der manchmal noch von einem Moränenwall gekrönt wird, talwärts begrenzt. In diesen Karmulden haben sich nach dem Eisrückzug vielfach Karseen gebildet (Abb. 120). Teilweise sind die Kare zu Kartreppen gegliedert. Von Karen begrenzte und durch diese zu schlanken, pyramidenförmigen Gipfeln herauspräparierte Berge werden als Karlinge bezeichnet. In den Hohen Tauern finden sich in allen Gebirgsgruppen schöne Beispiele für Kare, Kargletscher, Karseen und Karlinge.

Zahlreiche Kare, teilweise mit kleinen Kargletschern oder Karseen ausgefüllt, sind in der Schobergruppe anzutreffen. Typische Kargletscher sind zum Beispiel das Gartlkees, Gradenkees, Hornkees oder Gößnitzkees, klassische Karseen liegen in den Karen auf der Ostseite des Gößnitztales (Vordersee, Mittlerer und Hinterer Langtalsee; Abb. 122, 123). Typische Karlinge sind der Große Hornkopf (3251 m) oder die Glödis Spitze (3206 m).

Schöne Beispiele für Kare und Kargletscher sind auch in der Glocknergruppe zu finden, so rund um den Fuscherkarkopf (3336 m), der vom Fuscherkarkees, Freiwandkees und dem Kar der Gamsgrube zu einem Karling geformt wurde. Ein Karling ist auch der Hocheiser (3206 m) mit Unterem und Oberem Hocheiserkees, Eiserkees und Großkogelkees. Weitere Beispiele sind der Eiskeller auf der Südseite des Schwertecks (Abb. 121) oder das Pfandlschartenkees mit dem wunderschön gelegenen, durch eine Karschwelle in Form von Moränenmaterial rückgestauten Pfandlschartensee (Abb. 124).

Kargletscher in der Ankogel-Hochalmspitzgruppe sind beispielsweise das Tischlerkarkees, Grubenkarkees, Langkarkees oder Findlkarkees, Karseen sind der Pleßnitzsee östlich des Ankogel

Abb. 122: Der Mittlere Langtalsee auf der Ostseite des Gößnitztales ist ein klassischer Karsee, eingebettet in einem von ehemaligen Gletschern geformten Kar.

Abb. 123: Der Hintere Langtalsee, ein von Moränen rückgestauter Karsee auf der Ostseite des Gößnitztales.

Abb. 124: Der Pfandlschartensee (Glocknergruppe) ist ein schöner Karsee, der durch Moränenmaterial (links im Vordergrund) rückgestaut wird. Im Hintergrund Untere Pfandlscharte (2656 m), links davon der Schartenkopf (2840 m). Blickrichtung nach Norden.

Abb. 125: Durch den starken Rückgang des Kleinelendkeeses ist in den letzten Jahren westlich der Zwischenelendscharte ein neuer Karsee (Eisrandsee) entstanden (9.9.2002).

Abb. 126: Durch den Eisrückgang ist im Kar des Peischlachkesselkeeses (Schobergruppe) in den letzten Jahren ein Eissee entstanden (24.7.2002).

Abb. 127: Schönes Gletschertor im Zungenbereich des stark schuttbedeckten Gößnitz Keeses (Schobergruppe) mit kleinem Eissee (7.9.1999).

oder der Brunnkarsee östlich der Osnabrücker Hütte. Ein schöner Karling ist das Säuleck.

Viele Kare, Kargletscher und Karseen bietet auch die Venedigergruppe. Ein typischer Karling ist beispielsweise der Hohe Eichham (3371 m), zugeformt von folgenden Karen bzw. Kargletschern: Kleines Eichhamkees, Nillkees, Sailfrosnitzkees und Hexenkees. Auch der Keeskogel zwischen Obersulzbachtal und Untersulzbachtal ist ein von Kargletschern geformter Karling.

Schöne Kargletscher ziehen vom Ost-West verlaufenden Grat zwischen Wilden Kogel (3022 m, Karling) und Inneren Knorrkogel (2884 m) nach Norden: Karleskees, Östliches und Westliches Knorrkees und der unbenannte Kargletscher auf der Nordseite des Wilden Kogels.

Schöne eisfreie Kare sind an der östlichen Talflanke des Obersulzbachtales oberhalb der Trogschulter ausgebildet: Sattelkar, Ofenkar, Mitterkar, Steinkar, Keeskar.

Der Eissee nördlich der Eisseehütte und der Wilden See zwischen Wilden Kogel (3022 m) und Schlatkogel (2826 m) sollen als Beispiele für typische Karseen erwähnt werden.

In den Deferegger Alpen sind ebenfalls zahlreiche Kare, vereinzelt mit kleinen Kargletschern ausgefüllt, Karseen und Karlinge anzutreffen.

Einige Karseen sind erst in den letzten Jahren als Folge des starken Eisrückganges entstanden, beispielsweise im Zungenbereich des Gößnitz Keeses, des Peischlachkesselkeeses (beide in der Schobergruppe) oder im Bereich des Kleinelendkeeses unmittelbar westlich der Zwischenelendscharte (Ankogelgruppe) (Abb. 125–127).

Auch die Bildung von Hängetälern geht auf die Glazialerosion zurück. Darunter versteht man die Einmündung von Seitentälern in das Haupttal in Form einer Steilstufe, die von den Bächen nicht selten in Form eines Wasserfalles überwunden wird (siehe Abb. 128, 129). In den Haupttälern (Salzach-, Isel-, Mölltal), die während der quartären Vereisungsphasen von mächtigen Gletschern ausgefüllt waren, war die Glazialerosion wesentlich stärker als in den nur von kleinen Nebengletschern erfüllten Seiten-

Abb. 128: Das Gößnitztal ist ein typisches Hängetal. Der Gößnitzbach überwindet die Steilstufe bei der Einmündung in das Mölltal in Form dieses schönen Wasserfalles (Gößnitzfall).

Abb. 129: Blick vom Salzachtal in das Untersulzbachtal. Das Untersulzbachtal ist ein vom Gletscher geformtes Trogtal, das in Form einer Steilstufe in das Salzachtal mündet und somit ein schönes Beispiel für ein Hängetal darstellt.

tälern. Daher haben sich die Haupttäler stärker erosiv eingeschnitten als die Seitentäler. Dadurch wurden bereits bestehende Steilstufen verstärkt oder überhaupt neu geschaffen.

Spuren der Gletschererosion sind in den Hohen Tauern praktisch überall anzutreffen. Rundhöcker und Gletscherschliffe sind im Zentralgneis am besten erhalten, beispielsweise sehr schön im Vorfeld des Schlatenkeeses, Umbalkeeses, Obersulzbachkeeses oder in der Umgebung der Rudolfshütte zu beobachten, aber auch im Altkristallin, beispielsweise im hinteren Gößnitztal, vor allem in der Umgebung der Elberfelder Hütte. Auch im Gletschervorfeld der Pasterze sind schöne Gletscherschliffe und Rundhöcker erhalten, ebenso an vielen anderen Stellen, die hier nicht alle aufgezählt werden können (vgl. Abb. 110–115).

Gletscher transportieren den Verwitterungsschutt unterschiedlichster Korngröße (von Tonpartikeln bis zu großen Felsblöcken) vom Nährgebiet zur Gletscherstirn. Der Großteil des Materials wird dabei an der Gletscherbasis mitgeschleppt, aber auch an der Seite (Seitenmoränen) und an der Gletscheroberfläche (Oberflächenmoränen). Ein Teil wird auch als im Eis eingefrorenes Material transportiert. Das Material, das ein Gletscher transportiert, stammt zum Großteil von der Frostverwitterung, gelangt teilweise auch durch Steinschlag oder mit Lawinen auf den Gletscher und wird teils vom Gletschereis aus dem Felsuntergrund herausgerissen.

Vor allem an der Unterseite und im basalen Teil eines temperierten Gletschers werden durch die Eisbewegung die einzelnen Gesteinsbrocken gegeneinander gestoßen und dabei bearbeitet, nämlich zerkleinert, poliert und gekritzt. Dabei entstehen die für Grundmoränen charakteristischen gekritzten Geschiebe, die auf ihrer Oberfläche nach verschiedenen Richtungen verlaufende Kratzspuren aufweisen (Abb. 130).

Neben Transport durch das Gletschereis spielt bei temperierten Gletschern auch Materialtransport durch an der Gletscheroberfläche, in Gletscherspalten oder in subglazialen Tunnels abfließendes Schmelzwasser eine große Rolle.

Abb. 130: Größerer Gesteinsblock im Vorfeld der Pasterze mit deutlichen, in verschiedenen Richtungen verlaufenden Gletscherschrammen („gekritztes Geschiebe").

Abb. 131: Zungenende der Pasterze (4.10.1991) mit kleinen Stirnmoränenwällen („Wintermoränen").

Abb. 132: Das stark schuttbedeckte Zungenende des Schlatenkeeses mit kleinen, markanten Stirnmoränenwällen („Wintermoränen") (Aufnahme am 5.8.1990).

Abb. 133: Steinkarboden (Kleinelendtal) mit markanten, völlig bewachsenen Moränenwällen, vermutlich vom Hochstand um 1620.

Abb. 134: Ältere, bereits bewachsene Seitenmoränen des Schlatenkeeses. Die mächtige Moräne in der Bildmitte stammt vom letzten Gletscherhochstand um 1850. Die kleinere Seitenmoräne im Vordergrund ist älter und dämmt einen kleinen See mit einer Insel („Auge Gottes") ab (11.7.1997).

Schmelzwässer transportieren Moränenmaterial in das Gletschervorfeld, wo es in Form fluviatiler oder lakustriner Sedimente abgelagert wird. Durch diesen fluviatilen Transport kommt es einerseits zu einer Zurundung der Gerölle, andererseits zu einer Kornklassierung, indem das Feinmaterial ausgewaschen und in Form von Gletschertrübe („Gletschermilch") mit den Schmelzwässern abtransportiert wird.

Das vom Gletschereis transportierte Material wird vor allem an der Gletscherstirn in Form von Stirn- oder Endmoränen abgelagert, aber auch an deren Rändern (Seitenmoränen) und im Zehrgebiet an der Gletscherbasis (Grundmoränen). Moränen sind meist ungeschichtet, sehr schlecht sortiert, die Gerölle sind überwiegend eckig, charakteristisch für Grundmoränen sind gekritzte Geschiebe und ein hoher Feinanteil (Abb. 131–134).

Das Moränenmaterial wird teilweise durch die Schmelzwässer umgelagert und bei entsprechendem Relief im Gletschervorfeld, auf einer „Sanderfläche" (aus dem isländ. „Sandr" = Schotter- und Sandfläche, die vor den Endmoränen eines Gletschers durch Schmelzwässer sedimentiert werden), abgelagert.

Sedimentationsprozesse, die für solche Sanderflächen charakteristisch sind, können derzeit im Vorfeld der Pasterze beispielhaft beobachtet werden.

Bedingt durch den starken Rückzug der Pasterze hat sich in den letzten Jahrzehnten im Vorfeld dieses Talgletschers eine periglaziale Sanderfläche gebildet, auf der proglaziale fluviatile und lakustrine Sedimente abgelagert werden (Abb. 135–137).

Die Sedimentationsprozesse auf dieser Sanderfläche werden in hohem Maße von der stark schwankenden Schmelzwasserführung des Gletscherbaches beeinflusst und gesteuert. Sedimente werden ausschließlich in den Sommermonaten bei hohen Abflussraten von bis zu über 20 m³/sec abgelagert. Es handelt sich dabei um Moränenmaterial, das durch die Schmelzwässer vom Gletscher und der Gletscherstirn antransportiert wird. Anfang der 90er Jahre gelangten in den Monaten Mai bis September auf der Sanderfläche im Schnitt täglich

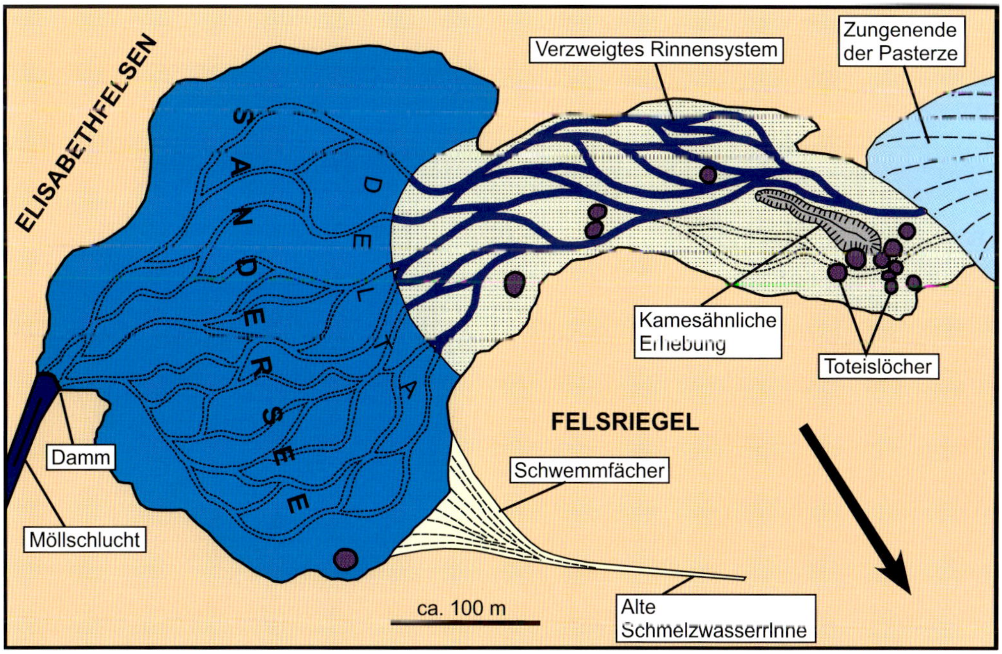

Abb. 135: Das Gletschervorfeld der Pasterze mit dem Sandersee (Situation 1990–1992) Vereinfachte Skizze der Sanderfläche (Talsander) im Gletschervorfeld der Pasterze, mit Toteislochbildung, einem verzeigten Rinnensystem, Deltasedimenten und Seesedimenten (nach KRAINER & POSCHER 1992).

Abb. 136: Das Gletschervorfeld der Pasterze am 17.6.1993. Im Vorfeld wird derzeit die gesamte von den Schmelzwässern antransportierte Geschiebefracht (Sand, Kies) und ein Großteil der Suspensionsfracht (Ton, Silt) in Form von fluviatilen und lakustrinen Sedimenten abgelagert.

Abb. 137: In den Sommermonaten wurden im Vorfeld der Pasterze die Schmelzwässer zu einem ganz flachen Sandersee rückgestaut. Die Schmelzwässer mündeten in Form eines flachen Deltas in den Sandersee (4.10.1991).

Abb. 138: Im Gletschervorfeld der Pasterze von den Schmelzwässern abgelagerte Kiese. Die Gerölle zeigen deutliche Dachziegellagerung (Imbrikation). Fließrichtung von links nach rechts.

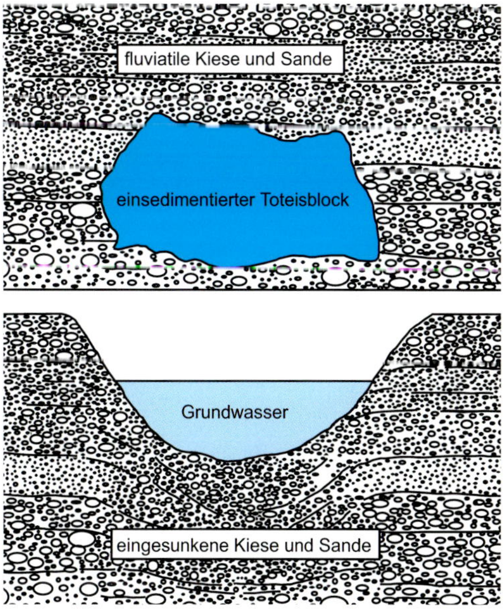

Abb. 139: Schematische Darstellung der Entstehung eines Toteisloches. Ein Toteisblock wird von fluviatilen Kiesen und Sanden einsedimentiert. Durch langsames Abschmelzen des Toteisblockes sinken die darüberliegenden Sedimente ein und brechen nach, es entsteht ein trichterförmiges Toteisloch, das teilweise mit Grundwasser ausgefüllt sein kann.

rund 160 t Schwebfracht und schätzungsweise 60–100 t Geschiebefracht zur Ablagerung. Aufgrund von Messungen seitens der Tauernkraftwerke AG wurden auf der Sanderfläche jährlich rund 40.000 m^3 Sediment (Schwebfracht und Geschiebefracht) abgelagert

Die Sanderfläche wird von einem verzweigten Rinnensystem durchflossen, das sich infolge der stark schwankenden Wasserführung in den Sommermonaten ständig verändert Abgelagert werden kiesige Rinnen- und Barrensedimente, wobei die Gerölle häufig eine charakteristische Dachziegellagerung (Imbrikation) zeigen (Abb. 138).

Auf dem fluviatilen Abschnitt können im Sommer häufig auch sämtliche Stadien der Toteislochbildung sehr schön beobachtet werden. Durch das langsame Abschmelzen einsedimentierter Toteisblöcke sinken die darüberliegenden fluviatilen Kiese und Sande ein und es bilden sich annähernd kreisrunde, trichterförmige Toteislöcher mit einem Durchmesser von bis zu rund 7 m und einer Tiefe von bis zu rund 3 m. Toteislöcher sind häufig mit klarem, blaugrünem Grundwasser gefüllt. Bei den abschmelzenden

Abb. 140: Übersichtsaufnahme der fluviatilen Sanderfläche im Pasterzenvorfeld nahe der Gletscherstirn. Im Vordergrund sind mehrere, teilweise mit Wasser gefüllte Toteislöcher, in der Bildmitte eine langgestreckte, kamesähnliche Erhebung (einsedimentierter Toteisblock) erkennbar. Rechts oben im Bild ist der mit Moränenschutt bedeckte Eisrand sichtbar (9.10 1990).

Abb. 141: Drei zusammenhängende Toteislöcher im Gletschervorfeld der Pasterze, etwa zur Hälfte mit klarem Grundwasser gefüllt (9.10.1990).

Abb. 142. Beginnende Toteislochbildung in sandigen Ablagerungen des Pasterzenvorfeldes nahe der Gletscherstirn. Durch das Abschmelzen einsedimentierter Toteisblöcke sinken die darüberliegenden Sedimente trichterförmig ein (9.10.1990).

Abb. 143. Beginnende Toteislochbildung in eisrandnahen Sedimenten im Gletschervorfeld der Pasterze (9.10.1991).

Abb. 144: Detail der kamesähnlichen Erhebung im Gletschervorfeld der Pasterze nahe der Gletscherstirn. Am Foto ist deutlich erkennbar, dass der Kern dieser Erhebung aus einem großen Toteisblock besteht, der von Moränenmaterial und steilgestellten sandigen Sedimenten ummantelt wird (Aufnahme am 4.10.1991).

Abb. 145: Sanderfläche (Pasterzenvorfeld) zwischen Elisabethfelsen (Fotostandpunkt) und dem Felsriegel, aufgenommen am 4.10.1991. Zu diesem Zeitpunkt wurden die Schmelzwässer nicht mehr rückgestaut und die im Sommer vom Sandersee bedeckte Fläche wird von einem verzweigten Rinnensystem mit dazwischenliegenden Barren durchflossen.

Toteisblöcken handelt es sich um Reste des zerfallenden, moränenbedeckten Teiles der Pasterze (Abb. 139–143).

Nahe der Gletscherstirn der Pasterze war zu Beginn der 90er Jahre eine aus Moränenschutt bestehende, rund 30 m lange und bis zu etwa 5 m hohe Erhebung zu beobachten. Diese Erhebung bestand im Kern aus einem großen Toteiskörper, der gut 2 m über die Sanderfläche herausragte und von Moränenmaterial und sandigen Sedimenten ummantelt war. An der Stelle, an der ein Toteisloch direkt an diese Erhebung grenzte, kam im Sommer 1991 unter dem Moränenschutt und den sandigen Sedimenten das sehr grobkörnige Toteis zum Vorschein (Abb. 144).

Dieser Toteisblock dürfte vom moränenbedeckten Zungenende der Pasterze einige Jahre zuvor abgebrochen und als isolierter Block stehen geblieben und dann nur sehr langsam abgeschmolzen sein.

In den Sommermonaten wurden bis Mitte der 90er Jahre die Schmelzwässer im unteren Abschnitt der Sanderfläche zu einem ganz flachen Sandersee zurückgestaut (Abb. 137). Die sedimentbeladenen Schmelzwässer flossen vermutlich als Dichteströme über ein ganz flaches Delta in den maximal 1–1,5 m tiefen Sandersee. Dabei wurden, je nach Strömungsgeschwindigkeit, horizontalgeschichtete Sande oder Sande und Grobsilte mit verschiedenen Typen von Strömungsrippeln abgelagert. Siltig-feinsandige Sedimente zeigten häufig synsedimentäre Deformationsstrukturen, die durch Entwässerungsvorgänge im Sediment entstanden.

Diese Delta- und Seesedimente konnten im Herbst, als die Schmelzwasserführung stark zurückging und es daher zu keinem Rückstau kam, an den Prallhängen einzelner, bis zu rund 50 cm in die Sedimente eingeschnittener Fließrinnen sehr schön studiert werden (Abb. 145–151). Inzwischen ist der Sandersee verlandet und auf der Sanderfläche werden nur mehr fluviatile Sedimente abgelagert.

Ein weiteres schönes Beispiel für eisrandnahe See- und Flussablagerungen bietet das Gletscher-

Abb. 146: Sandbarre im Gletschervorfeld der Pasterze mit Strömungsrippeln auf der Sedimentoberfläche (9.10.1990).

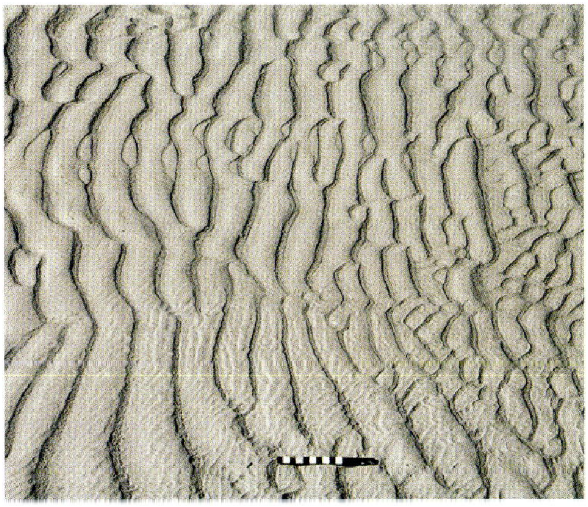

Abb. 147: Asymmetrische Strömungsrippeln mit leicht gebogenem Kammverlauf, entstanden im Sandersee während der Sommermonate durch die zufließenden, sedimentbeladenen Schmelzwässer. Strömungsrichtung von links nach rechts (Aufnahme am 4.10.1991).

Abb. 148: Zungenförmige Strömungsrippeln, entstanden im Sandersee. Strömungsrichtung von oben nach unten (4. 10.1991).

Abb. 149: Horizontalgeschichtete Sande (untere Bildhälfte) und feinkörnige Sande mit Strömungsrippeln und Rippelschrägschichtung (darüber), abgelagert im Sandersee durch den Zufluss sedimentbeladener Schmelzwässer in den Sommermonaten (26.10.1991).

Abb. 150: Kleine, trogförmig eingeschnittene Rinnen, mit feinkiesigen, schräggeschichteten Sedimenten aufgefüllt. Die schräggeschichteten Rinnenfüllungen werden von einer dünnen Lage horizontalgeschichteter Feinkiese und von Sanden mit Strömungsrippeln überlagert. Aufschluss an einem Prallhang im Vorfeld der Pasterze, aufgenommen am 26.10.1991.

Abb. 151: Sandlage mit schön ausgebildeten Strömungsrippeln (Strömungsrichtung v. li. n. re.), überlagert von feinsandig-siltigen Sedimenten mit synsedimentären Entwässerungsstrukturen („Wickelschichtung"). Die Sedimente wurden im Sandersee während der Sommermonate durch die zufließenden, sedimentbeladenen Schmelzwässer abgelagert und waren im Herbst bei stark zurückgegangener Schmelzwasserführung an Prallhängen einzelner Gerinne aufgeschlossen (Aufnahme vom 26.10.1991).

Abb. 152: Zunge des Obersulzbachkeeses (westlicher Lappen) mit kleinen Eisrandseen und Toteislöchern im Gletschervorfeld (23.10.2004).

Abb. 153: Großes, mit Wasser gefülltes Toteisloch im Gletschervorfeld des Obersulzbachkeeses (23.10.2004).

Abb. 154: Schönes Toteisloch in sandigen Ablagerungen im Gletschervorfeld des Obersulzbachkeeses (23.10.2004).

vorfeld des Obersulzbachkeeses in der Venedigergruppe. Aufgrund der extrem warmen Sommer hat sich der Gletscher in den letzten Jahren hinter die Felsschwelle im Bereich der ehemaligen „türkischen Zeltstadt" zurückgezogen. In dem hinter dieser Felsschwelle liegenden Becken werden die Schmelzwässer zu kleinen Eisrandseen rückgestaut, in den Sommermonaten werden große Mengen an feinkörnigen Sedimenten in diesem Becken abgelagert. Auch Toteiskörper wurden zusedimentiert, und durch das langsame Abschmelzen der unter den Sedimenten verborgenen Toteismassen entstehen viele kleine und größere Toteislöcher (Abb. 152–154).

Am Gletschervorfeld der Pasterze und des Obersulzbachkeeses können heute jene Sedimentationsprozesse beobachtet werden, wie sie im Quartär in wesentlich größerem Maßstab im Vorfeld der damals wesentlich größeren Gletscher in allen großen Tälern und auch im Alpenvorland abgelaufen sind. Je nach Gletscherstand waren während der Vereisungsphasen die großen Täler von riesigen, vegetationslosen Schotter- und Sandebenen, sogenannten Sanderflächen, eingenommen, die von einem sehr breiten, verzweigten Flusssystem durchzogen waren. Stellenweise waren auch kleinere und größere glaziale Seen, in denen tonig-siltige Sedimente („Bändertone") abgelagert wurden, entwickelt. Reste solcher quartären Ablagerungen findet man heute in fast allen großen Alpentälern, häufig in Form von quartären Terrassen, die aus „Vorstoßschottern" aufgebaut sind. Während eines starken Gletschervorstoßes ist infolge der verstärkten Glazialerosion und Frostverwitterung enorm viel Schutt angefallen. Die Schmelzwässer konnten die riesigen Schuttmengen nicht abtransportieren. Sie wurden im Vorfeld abgelagert, wodurch das Vorfeld (die Täler, auch das Alpenvorland) mit Sediment aufgefüllt wurde. Während der Rückzugsphase war dagegen der Schuttanfall geringer und die Schmelzwässer haben sich infolge der verstärkten Tiefenerosion in die vorher abgelagerten Sedimente eingeschnitten. Die Sedimentreste sind als Terrassen erhalten geblieben.

Abb. 155: Strukturboden (Steinringe) am Aufstieg vom Peischlach Törl zum Bösen Weibl (nördliche Schobergruppe) in ca. 2700 m Seehöhe.

Alpiner Permafrost und Blockgletscher

Jene Bereiche, die unmittelbar außerhalb der Gletscher liegen und durch ein kaltes Klima mit einer durchschnittlichen Jahrestemperatur von unter +3 °C geprägt sind, werden als Periglazial bezeichnet. In diesen Bereichen spielen Frost-Prozesse eine große Rolle, charakteristisch sind die Entwicklung von Permafrost, Frostverwitterung, verschiedene Prozesse der Frostaktivität (Frostaufbrüche, Bodenkriechen, Strukturböden etc.) und Massenbewegungen in den wassergesättigten Auftauzonen (Solifluktion, Hangrutschungen). Typische morphologische Erscheinungsformen periglazialer Bereiche sind Frostbodenstrukuren wie Steinringe, Steinnetze, Streifenböden, Pflasterböden, Schuttloben, Rasenloben (Abb. 155–157).

Unter Permafrost (Dauerfrostboden) versteht man einen Boden (Lockersediment), der zumindest über zwei Jahre hindurch, auch im Sommer, gefroren bleibt. Im Sommer taut nur die oberste Schicht auf, darunter bleibt der Boden ständig gefroren. Diese Auftauschicht wird als aktive Lage bezeichnet.

Ein wichtiger Bestandteil des Permafrostes ist das Bodeneis in Form von linsigen Körpern aus klarem, reinem Eis. Bodeneis entsteht in feinkörnigen Lockersedimenten und kann bis zu 80 Volumsprozent des Bodens einnehmen.

Wenn Wasser gefriert, kommt es zu einer Volumszunahme von 9 %. Dazu kommt, dass einmal gebildetes Bodeneis Wasser aus seiner Umgebung anzieht und das Bodeneis unter entsprechenden Temperaturbedingungen wächst. Dies führt an der Oberfläche zur Frosthebung (Frostaufbrüche).

Als Folge der Tau- und Gefrierprozesse, vor allem durch die Frosthebung, werden größere Steine mit der Zeit an die Oberfläche transportiert, gleiten dann von der gewölbten Oberfläche in die randlichen Furchen, wo sie sich anreichern und Strukturböden wie Steinringe, Steinnetze, Streifenböden etc. bilden. Solche Strukturböden sind aus der nördlichen Schober-

Abb. 156: Deutlich ausgebildete Solifluktionsloben am Aufstieg zum Peischlach Törl in ca. 2400 m Seehöhe (nördliche Schobergruppe).

Abb. 157: Solifluktionsloben im steilen Hangschutt auf der Nordwestseite des Tramerkamp (nördliche Schobergruppe).

Abb. 158: Bültenboden am Peischlach Törl in 2490 m Seehöhe.

gruppe (Tschadinsattel, Tramerkar, Vorfeld des Peischlachkesselkeeses) und aus der südlichen Granatspitzgruppe (Umgebung der Sudetendeutschen Hütte) bekannt (Abb. 155).

Permafrost ist auch in den Alpen, und zwar je nach Exposition ab einer Seehöhe von 2500 bis 2700 m, vorhanden. Das verstärkte Abschmelzen von Permafrosteis in den letzten Jahren als Folge der globalen Klimaerwärmung hat auch in den Hohen Tauern beispielsweise an Schutzhütten zur Destabilisierung des Untergrundes, verbunden mit Setzungserscheinungen geführt. Auch das Sonnblick-Observatorium war von solchen Problemen betroffen. Auch die erhöhte Steinschlagaktivität ist teilweise auf das verstärkte Abschmelzen von Permafrost zurückzuführen.

Über den alpinen Permafrost ist nach wie vor wenig bekannt, es gibt keine Daten über Mächtigkeiten, Verbreitung, Art des Bodeneises und Frostaktivitäten. Möglicherweise handelt es sich bei den bekannten Frostbodenstrukturen teilweise nur um Relikte früherer, kälterer Zeiten.

Eine besondere Form der Frostaktivität sind die Bültenböden (Thufur). Damit werden rundliche bis ovale Buckel mit einem Durchmesser bis zu 1 m und einer Höhe bis zu 50 cm bezeichnet. Sie entstehen in feinkörnigen, stark durchfeuchteten, ebenen bis wenig geneigten Böden mit einer geschlossenen Vegetationsdecke aus Gräsern, Moosen, Flechten und Zwergsträuchern. Diese Thufurhügel entstehen als Folge der Frostdynamik, Permafrost ist jedoch nicht Voraussetzung. Die Entstehung der Bültenböden wird fälschlicherweise auch durch Weidegang (Viehtritt) erklärt. Bültenböden sind im Nationalpark oberhalb von 2200 m Seehöhe vielerorts anzutreffen und wurden jüngst am Peischlach Törl genauer untersucht (Abb. 158, 159).

Abb. 159: Die Bülten sind aus feinkörnigem Material aufgebaut und stark durchwurzelt. Die Humusschicht ist nur 1–2 cm dick (Peischlach Törl).

Solifluktionsloben entstehen durch die langsame, hangabwärts gerichtete Bewegung von wassergesättigten Böden als Folge der Frostdynamik. Die Bewegung erfolgt einerseits als Folge des Frostkriechens (Frosthub), andererseits als langsames Fließen des wassergesättigten, aufgetauten Bodens im Sommer. Die Fließgeschwindigkeit bewegt sich je nach Neigung, Wassergehalt und Sedimenttyp zwischen wenigen cm/Jahr bis zu ca. 30 cm/Monat. Solifluktionsloben sind in der Umgebung der Glorer Hütte häufig zu beobachten und wurden dort auch näher untersucht (Abb. 156, 157).

Blockgletscher zählen zu den auffallendsten und häufigsten morphologischen Erscheinungsformen des Hochgebirges. Aktive Blockgletscher sind in den Alpen oberhalb ca. 2400–2500 m weit verbreitet. Blockgletscher sind lappen- bis zungenförmige Körper aus gefrorenem Lockermaterial und Eis, die sich deutlich von ihrer Umgebung abheben und sich langsam hangabwärts bewegen. An der meist grobblockigen Oberfläche ist kein Eis sichtbar. Die ungefrorene oberflächliche Schuttlage ist bis zu mehrere m mächtig und zeigt meist eine ausgeprägte Morphologie aus Rücken und Vertiefungen. In der ungefrorenen Schuttlage nimmt die Temperatur im Sommer rasch ab, in einer Tiefe von ca. 150 cm treten keine Tagesschwankungen mehr auf. Im Winter sind die Temperaturen an der Basis der Schneedecke deutlich tiefer als außerhalb der Blockgletscher auf permafrostfreiem Untergrund. An der steilen Stirn der Blockgletscher entspringt häufig eine Quelle, deren Wassertemperatur den ganzen Sommer über konstant knapp unter 1 °C liegt. Das Abflussverhalten der aktiven Blockgletscher ist durch extreme saisonale und tägliche Schwankungen charakterisiert mit

Abb. 160: Der aktive Blockgletscher im Kar des Hinteren Langtalsees auf der Ostseite des Gößnitztales ist einer der größten Blockgletscher der Schobergruppe.

Abb. 161: Blick auf die steile Stirn des aktiven Blockgletschers im Kar des Hinteren Langtalsees (Gößnitztal). Am Fuß der Stirn entspringt eine Quelle.

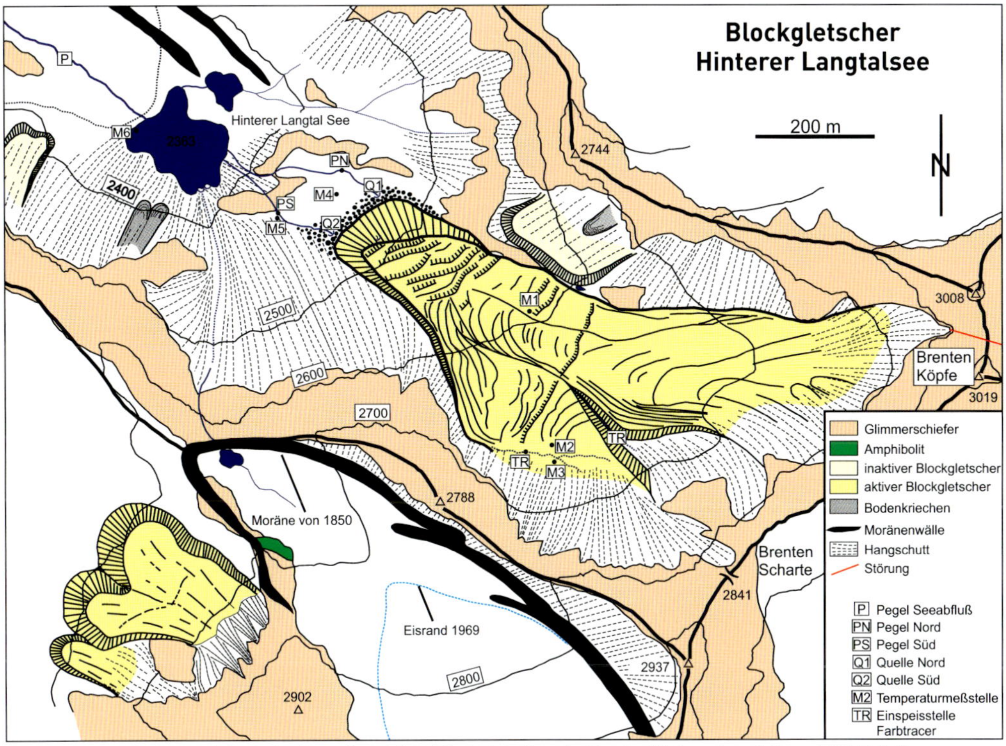

Abb. 162: Geologisch-morphologische Karte des aktiven Blockgletschers im Kar des Hinteren Langtalsees (Gößnitztal).

hohen Abflüssen im Juni und Juli bei Schönwetter (starke Schneeschmelze). Ab August ist eine allmähliche Abnahme im Abfluss festzustellen. Starkniederschläge verursachen kurzfristig hohe Abflussspitzen, Kaltlufteinbrüche im Sommer führen kurzzeitig zu einem starken Rückgang im Abfluss. An warmen Schönwettertagen sind ähnlich wie bei den Gletscherbächen deutlich ausgeprägte Tagesschwankungen im Abfluss zu beobachten. Fossile Blockgletscher enthalten kein Eis mehr.

Im Nationalpark Hohe Tauern sind Blockgletscher vor allem in den südlich des Tauernhaupkammes gelegenen Gebirgsgruppen (Schobergruppe, Lasörlinggruppe) weit verbreitet. Alleine in der Schobergruppe liegen mehr als 120 Blockgletscher, ungefähr die Hälfte davon enthalt noch Eis (Abb. 160–164). Im Bereich des Tauernhauptkammes befinden sich nur wenige Blockgletscher. Die Entstehung von Blockgletschern ist stark vom Anfall an Verwitterungsschutt abhängig, der in den Altkristallingebieten wesentlich höher ist als in den Zentralgneiskernen. Im Bereich der Oberen Schieferhülle ist das Verwitterungsmaterial für die Entstehung von Blockgletschern meist zu feinkörnig.

Einige Blockgletscher im Nationalpark wurden inzwischen näher untersucht: der Tauernfleck-Blockgletscher im Hollersbachtal (Venedigergruppe), der Dösener Blockgletscher im Dösen-Tal (Ankogelgruppe) sowie mehrere Blockgletscher im Gößnitztal (Schobergruppe). Einer der größten Blockgletscher der Schobergruppe liegt im Hinteren Langtal Kar. Er ist über 600 m lang, bedeckt eine Fläche von 0,2 km² und die steile, sehr aktive Stirn bewegt sich jährlich um ca. 1 m vor (Abb. 160–162).

Die meisten Blockgletscher haben sich aus der schuttbedeckten Zunge zurückschmelzender Kargletscher entwickelt, einige Blockgletscher entstanden als echte Permafrosterscheinungen (gefrorener Hangschutt).

Abb. 163: Blockgletscher im Kar des Hohen Beil (3086 m) oberhalb des Mittleren Langtalsees (Gößnitztal) (Aufnahme H. Lang).

Abb. 164: Kleiner Hangschutt-Blockgletscher auf der Westseite des Zinkelz in ca. 2650 m Seehöhe (nördliche Schobergruppe).

6.3 Die Hohen Tauern im Quartär

Als Quartär wird der Zeitraum von 1,64 Mill. Jahren bis heute bezeichnet. Das Quartär wird untergliedert in das Pleistozän (1,64 Mil. bis 10.000 Jahre vor heute) und das Holozän, das die letzten 10.000 Jahre umfasst. Das Quartär war gekennzeichnet durch mehrere große Vereisungsphasen. In den Alpen konnten bislang 6 große Vereisungsphasen nachgewiesen werden (vermutlich waren es noch mehr), die nach der klassischen Lehre als Biber-, Donau-, Günz-, Mindel-, Riss- und Würm-Vereisung bezeichnet werden.

Die letzte große Vereisungsphase in den Alpen, die Würm-Vereisung, dauerte von rund 115.000 bis rund 10.000 Jahren vor heute.

Während der quartären Vereisungsphasen waren die Alpen in einen mächtigen Eispanzer gehüllt. Die Täler waren von einem gewaltigen Eisstromnetz ausgefüllt, im Bereich der Hohen Tauern schauten nur die höchsten Gipfel als Nunatakker heraus (der Begriff Nunatakker stammt aus der Eskimosprache und ist eine Bezeichnung für aus dem Eis herausragende Berge oder Felsen) (siehe Abb. 165).

Isel- und Möllgletscher waren Seitengletscher des großen Draugletschers, der während der letzten Vereisungsphase auf der Höhe von Klagenfurt eine Breite von fast 40 km und eine Eismächtigkeit von rund 600 m aufwies und im östlichen Klagenfurter Becken, etwa im Bereich von Völkermarkt endete.

Bei Lienz betrug die Eismächtigkeit rund 1500 m und im oberen Isel- und Mölltal stellenweise noch mehr.

Salzach- und Inngletscher reichten als riesige Vorlandgletscher weit in das Alpenvorland hinaus. Der Salzachgletscher, vor allem von den Seitengletschern der nördlichen Tauerntäler gespeist, endete mit einer breiten Gletscherzunge rund 40 km nördlich von Salzburg. Eine noch mächtigere Eiszunge bildete der Inngletscher, der etwa 40 km nördlich von Rosenheim endete, was durch entsprechende Endmoränenwälle

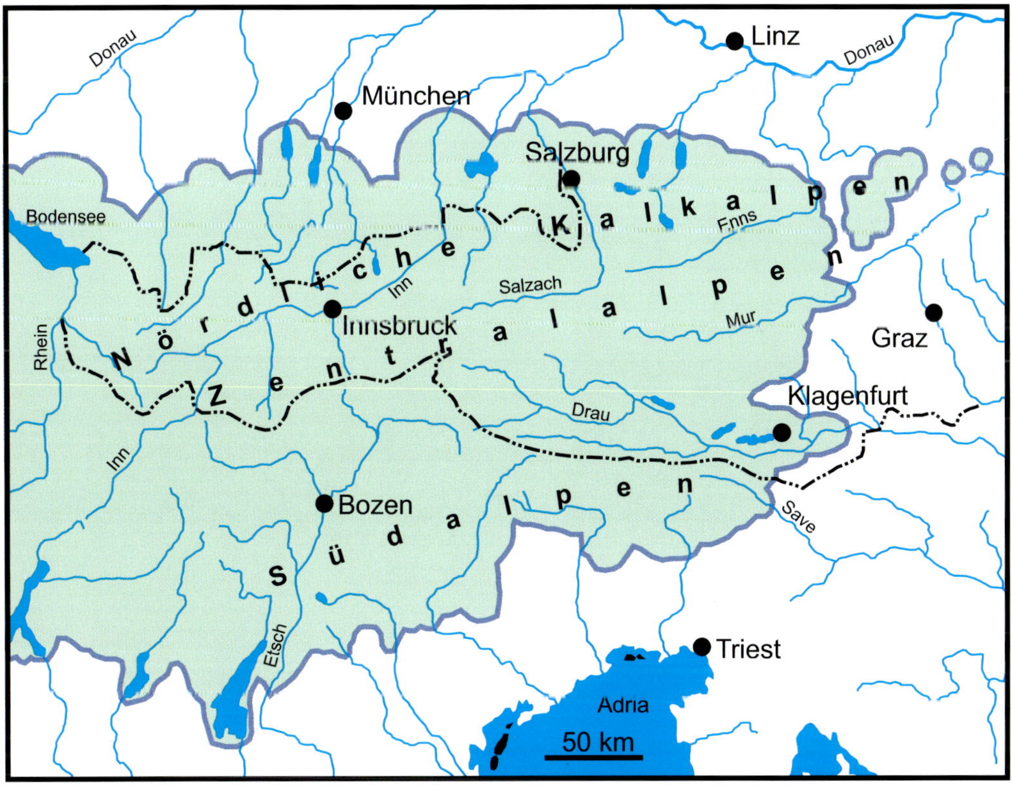

Abb. 165: Übersichtskarte mit der Grenze der maximalen Eisausdehnung in den Ostalpen während der Würm- Vereisungsphase.

belegt ist. Der Murgletscher reichte bis kurz vor Judenburg und der Ennsgletscher endete vermutlich im Bereich des Gesäuseeinganges. Weiter östlich (Hochschwab, Veitsch, Rax usw.) bildeten sich aufgrund der geringeren Höhen und wohl auch aufgrund der verminderten Niederschläge nur lokale Tal-, Plateau- und Kargletscher, die sich nicht zu einem Eisstromnetz vereinen konnten.

Diese riesigen Gletscher mit Eismächtigkeiten von stellenweise über 1500 m haben eine entsprechend starke Glazialerosion zur Folge gehabt, wodurch das Relief der Alpen, besonders der Hohen Tauern, umgeformt wurde: Bildung von Karen, Trog- und Hängetälern.

Im Verlandungsbereich des Stappitzer Sees im Seebachtal bei Mallnitz wurden 5 Bohrungen abgeteuft, wobei die letzte als Forschungsbohrung durchgeführt wurde. Im Zuge der letzten Bohrung (1999) wurde ein 160 m mächtiger Bohrkern erbohrt. Die Sedimentabfolge dieses Bohrkernes wurde zur Rekonstruktion der Vegetations- und Klimageschichte pollenanalytisch untersucht, ergänzend wurden auch andere Untersuchungen durchgeführt.

Der 160 m mächtige Bohrkern dokumentiert die letzten 17.000 Jahre. Die untersten 42 m der Bohrung (160–118 m) sind aus einer Wechselfolge von moränenartigen Sedimenten und glazifluviatilen Kiesen und Sanden eines ehemaligen Gletschervorfeldes aufgebaut. Darüber, von 118 bis 14,5 m, folgen feinkörnige Seeablagerungen, überlagert von feinsandigen und grobsandig-kiesigen Sedimenten (14,5–1,5 m). Die obersten 1,5 m bestehen aus feinkiesigen Ablagerungen, die als Überflutungssedimente des Seebaches interpretiert werden.

In verschiedenen Tiefen wurden auch Holzreste gefunden und mit der Kohlenstoffmethode radiometrisch datiert. Die ältesten Holzreste stammen aus einer Tiefe von ca. 55 m und weisen ein Alter von 8740–8530 v. Chr. auf.

Die Untersuchungen ergaben, dass die unterste Sedimentabfolge von 160 bis 113 m während der ausklingenden Würmvereisung, im Zeitraum von 17.000 bis 15.000 vor heute abgelagert wurde. Während dieser Zeit kam es zu einem mehrmaligen Vorstoß des Seebach-Gletschers, was zur Ablagerung der Moränensedimente führte. Während der Rückzugsphasen

Abb. 166: Die Pasterze, aufgenommen etwa um 1875. Diese historische Aufnahme zeigt, dass die Pasterze mit ihrer Zunge damals noch bis zum Margaritzenboden hinunterreichte und diesen teilweise bedeckte. Auch der Elisabethfelsen war fast gänzlich von Gletschereis bedeckt. Die Steilstufe zwischen Unterem Pasterzenboden und dem Margaritzenboden (Möllschlucht) hat die Pasterze in Form eines Eisbruches überwunden (mit freundlicher Genehmigung der Galerie Würthle, Wien).

war der Bereich des Stappitzer Sees eisfrei und es wurden sandige Sedimente abgelagert, die bereits Pollen von Grünerle, Fichte und Lärche enthalten („Stappitz-Klimaschwankungen“). Das bedeutet, dass die riesigen Gletscher der letzten großen Vereisungsphase mit ihrem Höhepunkt vor ca. 20.000 Jahren sehr rasch, innerhalb von etwa 3000 Jahren weitgehend abgeschmolzen sind und das Seebachtal im Bereich des Stappitz Sees bereits von Pflanzen besiedelt wurde.

Der Bohrkern zwischen 113 und 60 m Tiefe repräsentiert das Spätglazial, also den Zeitraum zwischen 15.000 und 10.000 vor heute. Dieser Zeitabschnitt war durch mehrere Kaltphasen geprägt, unterbrochen von wärmeren Zeitabschnitten. Die Kaltphasen sind durch einen hohen Anteil an Gräser- und Kräuterpollen dokumentiert, während der wärmeren Phasen konnte sich der Wald wieder ausbreiten, wobei als Erste Lärchen und Zirben einwanderten. Die letzte markante Kaltphase zwischen 11.000 und 10.000 Jahren vor heute (Jüngere Dryas) ist im Pollenspektrum ebenfalls klar erkennbar.

Die obersten 60 m des Bohrkernes wurden während der letzten 10.000 Jahre (Postglazial; Holozän) abgelagert. Die in den Sedimenten enthaltenen Pollen dokumentieren die wechselhafte Waldgeschichte des Seebachtales mit einer sehr dichten Bewaldung vor ca. 6700 und 5000 Jahren, als es wärmer war als heute. Auch das mittelalterliche Klimaoptimum zeichnet sich im Pollenspektrum deutlich ab. Die ersten Spuren des Menschen konnten in 38 m Tiefe durch Siedlungsanzeiger wie Brennnessel, Ampfer, Spitz-Wegerich nachgewiesen werden (ca. 3600–3200 vor heute). Die ersten Getreidepollen stammen aus mittelalterlichen Sedimenten.

Mit diesem Bohrkern konnte erstmals innerhalb der Alpen die Vegetations- und Kimageschichte der letzten 17.000 Jahre rekonstruiert werden.

Die Ergebnisse beweisen, dass nach dem raschen Abschmelzen der riesigen Eismassen nach dem Höhepunkt der letzten Vereisungsphase vor 20.000 Jahren infolge einer markanten Klimaverbesserung der Alpenraum rasch wieder von Pflanzen besiedelt wurde. Zirbenholzreste aus dem untersten Abschnitt einer rund 140 cm dicken Torflage vom Moor des Salzbodensees im Vorfeld des Schlatenkeeses konnten durch die

Abb. 167: Die Pasterze um 1905. Die Pasterze hat sich inzwischen deutlich zurückgezogen, das Zungenende reicht jedoch noch immer weit in die Möllschlucht hinunter (mit freundlicher Genehmigung von Richard Pietsch &Co KG, Wollzeile 19, 1010 Wien).

Radiokarbonmethode mit ca. 9000 Jahren vor heute datiert werden.

Damit ist bewiesen, dass damals in dieser Höhe von rund 2150 m Zirben wuchsen. Seither schwankte das Klima nur in einem vergleichsweise kleinen Bereich, die pleistozänen Klimaschwankungen waren bedeutend größer. Auf die holozänen Klimaschwankungen haben die Gletscher allerdings ebenfalls mit Vorstoß- und Rückzugsphasen reagiert, wobei in den letzten 9000 Jahren die Gletscher jedoch nur selten den neuzeitlichen Hochstand von 1850 überschritten haben. In der Venedigergruppe sind einzelne Vorstoßphasen teilweise durch Moränen markiert und konnten durch Radiokarbondatierungen an Holzfunden sowie durch Pollenuntersuchungen an Moorprofilen einzelner Gletschervorfelder zeitlich eingeordnet werden.

So hat beispielsweise eine Klimaverschlechterung zwischen 8700 und 8000 Jahren vor heute, die als „Venedigerschwankung" bezeichnet wird, die Waldgrenze tiefergelegt. Diese Vorstoßperiode ist durch Ufer- und Endmoränen im Vorfeld des Simony- und Dorferkeeses belegt. Die Gletscher reichten damals um rund 300–400 m weiter als während der neuzeitlichen Hochstände.

Eine weitere Klimaverschlechterung konnte zwischen etwa 6600 und 6000 Jahren vor heute festgestellt werden, die durch erhaltene Moränenreste im Vorfeld des Frosnitzkeeses dokumentiert ist („Frosnitzschwankung").

Klimaverschlechterungen zwischen 5300–4500 vor heute („Rotmoosschwankung"), zwischen 3500–3100 vor heute („Löbbenschwankung") und 2900–2300 vor heute sind vor allem durch Pollenuntersuchungen an Moorprofilen nachgewiesen worden, Moränen dieser Hochstandsperioden sind nicht erhalten.

Bis auf kurzfristige Klimaverschlechterungen war der Zeitraum von 7000 bis etwa 3000 Jahren vor heute sogar deutlich wärmer als in der Gegenwart. Entsprechend wird dieser Zeitabschnitt auch als „postglaziales Klimaoptimum" bezeichnet. Die Waldgrenze lag damals bei rund 2400 m, somit höher als heute (die heutige potentielle Waldgrenze liegt bei etwa 2300 m, die tatsächliche Waldgrenze liegt infolge menschlicher Eingriffe niedriger, in den Hohen Tauern bei etwa 1900–2100 m).

Eine ähnlich warme Klimaepoche dauerte von ungefähr 300 v. Chr. bis 400 n. Chr. („Klimaoptimum der Römerzeit"). Eine Klimaverschlechterung führte etwa zwischen 400 und 700 n. Chr. zu Gletschervorstößen, wobei Hochstände ähnlich wie in der Neuzeit erreicht wurden („Pessimum der Völkerwanderungszeit"). Moränen dieses Hochstandes sind beispielsweise vom Simonykees und Frosnitzkees bekannt. Anschließend folgt das „Mittelalterliche Klimaoptimum" mit Jahresmitteltemperaturen, die in Europa um rund 1 bis 1,5 °C höher waren als heute. In diesen warmen Zeitabschnitt fällt beispielsweise die Besiedlung Islands und Grönlands.

Etwa um 1250 setzt eine deutliche Abkühlung ein, die in der sogenannten „Kleinen Eiszeit" (1600–1850) gipfelte. In dieser Zeit waren die Jahresmitteltemperaturen um rund 1 °C tiefer als heute. Die Folge waren starke Gletschervorstöße, die durch markante Moränenwälle dokumentiert sind. In diese Zeit fallen drei neuzeitliche Hochstandsperioden (um 1620, 1770/80 und 1850), die durch besonders weit vorreichende Gletschervorstöße gekennzeichnet waren. Diese Klimaschwankungen konnten auch in der Bohrung Stappitzer See nachgewiesen werden.

Durch diese neuzeitlichen Gletschervorstöße wurden die Moränen des Spät- und Hochmittelalters überfahren und zerstört. Dagegen sind die Moränenwälle der neuzeitlichen Vorstöße, besonders jene vom Hochstand um 1850, fast überall in den Hohen Tauern sehr schön erhalten.

Aufgrund von Vermessungen, die an vielen Alpengletschern teilweise seit mehr als 100 Jahren durchgeführt werden, sind deren Veränderungen seit dem letzten neuzeitlichen Hochstand sehr genau bekannt.

Als Beispiel soll hier die Pasterze angeführt werden. Die Veränderungen der Pasterze werden immerhin seit dem Jahre 1879 fast ununterbrochen gemessen und dokumetiert. Der letzte neuzeitliche Hochstand wurde 1856 verzeichnet, die Pasterze erreichte damals ähnliche Ausmaße wie um 1620. Das Zungenende der Pasterze lag 1856 bei der Einmündung des Zlöpbaches in

Abb. 168: Die Pasterze um 1930. Der Rückgang setzt sich fort. Die Zunge endet in der Möllschlucht, der Elisabethfelsen wird allmählich eisfrei (mit freundlicher Genehmigung von Richard Pietsch &Co KG, Wollzeile 19,1010 Wien).

Abb. 169: Inzwischen ist auch der Untere Pasterzenboden völlig eisfrei und wird vom Gletschervorfeld mit dem Sandersee eingenommen. Von derselben Position unmittelbar beim Glocknerhaus, von der die historischen Aufnahmen gemacht wurden, ist die Pasterze heute nicht mehr zu sehen (17.6.1993).

die Möll, auf einer Seehöhe von rund 1880 m. Der Margaritzenkopf war damals nicht gänzlich vom Gletschereis bedeckt. Um 1620 lag das Zungenende noch um rund 50 m talabwärts. Auch um 1780/90 soll die Pasterze über den Elisabethfelsen bis zur Margaritzensenke hinuntergereicht haben. Zwischen 1600 und 1856 war die Pasterze nie kleiner als heute.

Von 1856 bis 1890 ist die Pasterze stark zurückgeschmolzen, dann setzte in den Ostalpen ein erneuter Vorstoß ein, der um 1920 seinen Höhepunkt erreichte. Auf diese Vorstoßperiode reagierte die Pasterze jedoch nur durch eine Stagnation, ihr Zungenende ist nicht vorgerückt. Zu diesem Zeitpunkt reichte das Zungenende noch weit in die Möllschlucht hinunter und der Elisabethfelsen war noch gänzlich vom Eis bedeckt. 1928 setzte eine starke Rückzugsperiode ein, die 1965 infolge sehr gletschergünstiger Haushaltsjahre kurzfristig beendet wurde.

Im Zeitraum 1957–1961 betrug der Rückgang im Mittel 11,5 m/Jahr. In diesem Zeitabschnitt ist der Untere Pasterzenboden allmählich eisfrei geworden und ein kleiner Sandersee entstanden. Noch 1953 war der Untere Pasterzenboden gänzlich vom Gletschereis ausgefüllt.

Im Zeitraum 1962–1966 ist auch die Felsstufe westlich des Sandersees eisfrei geworden, die Zunge ist in diesem Zeitraum um insgesamt 130 m zurückgewichen. Allerdings betrug der Rückzug 1965/66 nur 1,2 m im Mittel, wobei der moränenbedeckte Teil sogar um 1,6 m vorgestoßen ist (siehe Abb. 166–171).

Obwohl 1965 bei den Ostalpengletschern eine neue Vorstoßperiode eingeleitet wurde, die ihren Höhepunkt 1980 erreichte, als rund 75 % aller Ostalpengletscher im Vorstoß waren, ist seither die Pasterze ununterbrochen zurückgeschmolzen, im Mittel zwischen 10 und 20 m/Jahr, seit 1997 über 30 m/Jahr. Im extrem heißen Sommer 2003 ist der moränenfreie Teil der Zunge gar um 48,3 m zurückgewichen.

Gleichzeitig mit dem Zurückweichen ist auch die Oberfläche der Pasterze stark eingesunken und die Pasterze hat seit 1856 über 1/3 ihres Eisvolumens verloren. In diesem Zeitraum ist eine Fläche von mehr als 10 km^2 eisfrei geworden.

Derzeit senkt sich die Gletscheroberfläche infolge Abschmelzens und Verdunstung jährlich um über 3 m. Im Zeitraum 1980 bis 1984 betrug die mittlere spezifische Ablation 364 cm/Jahr,

Abb. 170: Blick auf die Pasterze und den Großglockner von der Franz-Josefs-Höhe um 1935 (nach einem käuflichen Foto von Foto Schneeberger, Matrei in Osttirol).

Abb. 171: Die in den letzten Jahrzehnten stark eingesunkene Pasterze (25.6.2001).

Abb. 172: Das Schlatenkees um 1930. Wie die nächste Abbildung deutlich zeigt, ist auch das Schlatenkees seither stark zurückgegangen (nach einen käufl. Foto von Franz Knollmüller, Graz).

Abb. 173: Das Schlatenkees 1988, ungefähr vom selben Standpunkt wie die vorhergehende Abbildung aufgenommen. Deutlich zu erkennen ist der markante Moränenwall des Hochstandes von 1850 (A. Spieler).

im Zeitraum 1985–1990 474 cm/Jahr. 1980 bis 1984 sind beispielsweise rund 97 Mill. m^3 Eis abgeschmolzen. In den Sommermonaten werden tägliche Abschmelzbeträge bis zu 100 mm erreicht. Im heißen Sommer 2003 ist die Pasterze um durchschnittlich 6,59 m eingesunken. Durch diese starken Abschmelzprozesse ist das Felsenfenster im Hufeisenbruch deutlich größer geworden.

Die Eisbewegungen lagen in den 80er Jahren im Bereich der V. Paschinger Linie bei rund 5–9 m/Jahr, im Bereich der Seelandlinie bei 26–40 m/Jahr und im Bereich der Burgstalllinie bei 37–55 m/Jahr. In den letzten Jahren haben sich die Fließgeschwindigkeiten deutlich verringert.

Eines der markantesten Ereignisse im Zuge des Eisrückganges der Pasterze in den letzten Jahrzehnten war zweifellos die Entstehung der Sanderfläche mit dem Sandersee am Unteren Pasterzenboden unmittelbar westlich des Elisabethfelsens. Auf dieser Sanderfläche wurde bis in die Mitte der 90er Jahre die gesamte von den Schmelzwässern der Pasterze angelieferte Sand- und Kiesfracht (Geschiebefracht) sowie ein beträchtlicher Teil der Ton- und Siltfracht (Suspensionsfracht) abgelagert. Inzwischen ist der Sandersee verlandet.

Ein ähnliches Verhalten wie die Pasterze zeigen auch die meisten anderen Ostalpengletscher (vgl. Abb. 172 und 173).

6.4 Heutige Erosions- und Sedimentationsprozesse

Die heute in den Hohen Tauern ablaufenden Erosionsprozesse sind in erster Linie auf die Gräben und Bachläufe konzentriert. Der dominierende Prozess ist Tiefenerosion durch fließendes Wasser, flächenhafte Erosion ist nur auf kleine Flächen beschränkt, Glazialerosion und Erosion durch den Wind spielen gegenwärtig nur eine untergeordnete Rolle. Auch große Nassschneelawinen können beträchtliche Mengen an Gesteinsmaterial talwärts transportieren und damit ebenfalls zur Erosion beitragen (Abb. 184).

Abb. 174: In die harten Tonalitgneise konnten sich die Schmelzwässer des Obersulzbachkeeses nur wenig tief einschneiden. Im Vordergrund sind schöne Auskolkungen erkennbar.

Erosion in den Gräben und Bächen findet während erhöhter Wasserführung, während der Schneeschmelze oder nach starken Regenfällen statt und ist damit im Wesentlichen auf die Sommermonate beschränkt. Während dieser Zeit führen die Bäche einen hohen Anteil an Geschiebe- und Suspensionsfracht, was an der schmutzigen Farbe des Wassers erkennbar ist. In den Herbst- und Wintermonaten ist das Wasser der Bäche dagegen klar, die Bäche führen praktisch keine Suspensionsfracht und auch keine Geschiebefracht, entsprechend ist die Erosion stark herabgesetzt.

Besonders die Geschiebefracht, das sind die im Bachbett rollend oder hüpfend transportierten Gerölle, ist für die Tiefenerosion verantwortlich. Das vom fließenden Wasser mitgeführte Geröll übt eine scheuernde Wirkung auf den Fels aus, der Felsuntergrund wird abgerieben und das Bachbett schneidet sich immer tiefer ein. Durch Hindernisse im Bachbett entstehen Wirbel, durch die die Gerölle ständig im Kreis transportiert werden, auf diese Weise entstehen im Fels verschiedene Strudellöcher und Auskolkungen (Abb. 174–179).

Die Intensität der Tiefenerosion wird im Wesentlichen von drei Faktoren bestimmt: vom Gefälle bzw. von der Strömungsgeschwindigkeit, von der Menge der transportierten Geschiebefracht und vom Gesteinsuntergrund.

In härteren Gesteinen wie im Zentralgneis beträgt die Erosionsrate je nach Geschiebeführung und Gefälle weniger als 1 mm/Jahr (Abb. 174). In weicheren Gesteinen, vor allem in den verschiedenen Phylliten und in Kalkglimmerschiefern der Oberen Schieferhülle, ist die Erosionsrate größer.

Als Folge dieser Prozesse schneiden sich seit dem Rückgang der letzten großen Vereisung die Bäche und Flüsse wieder verstärkt in den Untergrund ein und viele Täler wurden und werden dadurch wieder von Trogtälern zu Kerbtälern umgeformt. An vielen Stellen haben sich die Bäche und Flüsse in dieser Zeit schon einige Zehnermeter tief eingeschnitten und bilden stellenweise ganz enge Schluchten. Als Beispiele können hier die Umbalfälle, die Krimmler Wasserfälle oder der Gößnitzbach mit dem Gößnitzfall (Abb. 128, 175–177), der vor der Einmündung in das Mölltal eine in Kalkglimmerschiefer

Abb. 175: Krimmler Wasserfälle, Unterer Achenfall.

Abb. 176: Krimmler Wasserfälle, Oberer Achenfall.

Abb. 177: Die Umbalfälle im Bereich der Unteren Iselkatarakte.

Abb. 178: Durch die Erosion des fließenden Wassers hat sich der Umbalbach tief in den Gesteinsuntergrund eingeschnitten. Wo im Bach Wirbel entstehen, werden durch mitgeführte, ständig im Kreis transportierte Gerölle Kolke und Strudellöcher aus dem Gesteinsuntergrund herausgeformt.

Abb. 179. Im harten, gegen Erosion widerstandsfähigeren Gesteinen (Zentalgneis) ist die erosive Tätigkeit des fließenden Wassers geringer, aber im Laufe der Zeit entstehen auch dort kolkähnliche Erosionsformen (Maltatal).

tief eingeschnittene, stellenweise kaum mehr als 1 m breite Klamm durchfließt, angeführt werden. Die verschiedenen Erosionsformen des fließenden Wassers können aber auch an vielen anderen Gebirgsbächen der Hohen Tauern beobachtet werden.

Vereinzelt gibt es in den Hohen Tauern auch äolische Erosions- und Sedimentationsprozesse.

Durch Frostverwitterung und äolische Auswehung entstehen bestimmte morphologische Formen, die als "Bratschen" bezeichnet werden. Darunter versteht man felsige, steile, kaum bewachsene Bergflanken mit einer Neigung bis 40°. Bratschen sind fast ausschließlich auf Kalkglimmerschiefern der Oberen Schieferhülle entwickelt und durch ihre eigenartige, rauhe Oberfläche als Folge der äolischen Auswehung charakterisiert. Beispiele liefern die Flanken des Fuscherkarkopfes und des Sonnenwelleckes nördlich der Franz-Josefs-Höhe.

Im Bereich der Gamsgrube, einem windgeschützten Kar auf der Südseite des Fuscherkarkopfes, das für seine einzigartige Flora berühmt ist, kommt es dagegen zur Anwehung und Ablagerung von äolischen, siltig-feinsandigen Sedimenten (Abb. 180). In den Tälern kommt es überall dort, wo das Gefälle und damit auch die Strömungsgeschwindigkeit nachlässt, das Tal zu einem breiten und flachen Talboden geweitet ist, auch zu Sedimentationsprozessen. Aufgrund der herabgesetzten Strömungsgeschwindigkeit wird dort ein Teil der Geschiebefracht abgelagert. Solche Stellen sind allerdings selten, in den Hohen Tauern überwiegen bei weitem die Erosionsprozesse. Das erodierte und von den Gebirgsbächen abtransportierte Verwitterungsmaterial in Form von Geschiebe- und Suspensionsfracht wird vor allem im Unterlauf der großen Flüsse, feines Material teilweise erst im Meer abgelagert.

In den letzten Jahrzehnten hat der Mensch durch seine Eingriffe in die Natur in zunehmendem Maße auch die Erosions- und Sedimentationsprozesse beeinflusst. Einerseits hat die Errichtung von Forst- und Wirtschaftswegen, Seilbahn- und Liftanlagen, Skipisten etc. infolge der teilweisen Zerstörung des natürlichen Wald- und Almbodens lokal zu einer verstärkten Erosionstätigkeit und auch zu einer verstärkten

Abb.180: Flugsandablagerungen in der Gamsgrube.

Murentätigkeit geführt. Andererseits wird heute durch die in vielen Wildbächen zum Schutze von Siedlungen, Verkehrswegen, Aufstiegshilfen usw. errichteten Geschieberückhaltesperren und Uferverbauungen und auch durch die zum Zwecke der Energiegewinnung errichteten Speicher- und Stauseen ein beträchtlicher Teil der Geschiebe- und Suspensionsfracht zurückgehalten. Dies hat im Unterlauf vieler großer Flüsse eine verringerte Geschiebeführung zur Folge, was zu einer verstärkten Tiefenerosion, zu einer Tieferlegung des Flussbettes führt. Damit senkt sich in den Flussebenen auch der Grundwasserspiegel, was in naher Zukunft vor allem der Landwirtschaft große Probleme bereiten wird.

Eine besondere Form des Sedimenttransportes im Hochgebirge sind Muren bzw. Murschuttströme, die vor allem in steilen Seitengräben abgehen und nicht selten große Schäden an Verkehrswegen und Siedlungen anrichten.

In den Gräben sammelt sich im Laufe der Zeit durch Steinschlag und Lawinentätigkeit der Verwitterungsschutt an. Während starker Niederschläge vermischt sich dieser Verwitterungsschutt mit dem Wasser zu einer breiartigen Masse, die sich dann in Form einer Mure oft mit großer Geschwindigkeit talabwärts bewegt und erst nach der Einmündung des Grabens in das Haupttal infolge des abnehmenden Gefälles auf einem Schwemmkegel oder Schwemmfächer zum Stillstand kommt.

Die in allen Tälern im Mündungsbereich von Seitengräben oft sehr schön ausgebildeten Schwemmkegel werden zum Großteil von Murschuttsedimenten aufgebaut, untergeordnet auch von fluviatilen Kiesen und Sanden. Allerdings sind heute viele Schwemmfächer fast zur Gänze von Vegetation bewachsen und somit zumindest über einen bestimmten Zeitraum mehr oder weniger inaktiv (siehe Abb. 181–184).

Zuletzt soll auch noch ganz kurz auf verschiedene Massenbewegungen hingewiesen werden. Die starke Glazialerosion während der quartären Vereisungsphasen hat in Zusammenhang mit der Trogtalbildung zu einer starken Versteilung der Talflanken geführt. Nach dem Abschmelzen der Eismassen und durch Verwitterungs- und Frostprozesse sind diese Talflanken vielfach instabil geworden, sodass es örtlich zu Massenbewegun-

Abb. 181: Durch Frostverwitterung entstehen am Fuß steiler Felswände ausgedehnte Hangschuttfelder (Westseite des Zinkelz, nördliche Schobergruppe).

Abb. 182: Ein ideal geformter Schwemmfächer westlich von Kals im Mündungsbereich des Raseckbaches. Der Schwemmfächer ist völlig bewachsen und nicht mehr aktiv.

Abb. 183: Kleiner Schwemmfächer am Ausgang eines steilen Grabens im Felbertal. Der Schwemmfächer ist teilweise bewachsen, teilweise jedoch noch aktiv (rechts im Bild). Bei stärkerer Murentätigkeit können größere Bereiche des Schwemmfächers mit Murschutt überdeckt werden.

Abb. 184: Großer Lawinenkegel im Habachtal. Dieses Beispiel zeigt, dass durch Grundlawinen auch sehr viel Schutt erodiert und mittransportiert werden kann.

gen in Form von Bergstürzen, Hangrutschungen und Talzuschüben gekommen ist und immer noch kommt (Abb. 185, 186). Vielfach werden Massenbewegungen durch lang andauernde Starkniederschläge ausgelöst. Beispielsweise ist es in den Hochwasserjahren 1965 und 1966 in vielen Teilen Osttirols und Kärntens zu katastrophenartigen Massenbewegungen gekommen. Unter anderem waren das Defereggental (z. B. der Hopfgartengraben) und auch das Kalsertal davon betroffen. Aus der Umgebung von Kals sind einige Massenbewegungen bekannt. Als Beispiel soll hier der große Talzuschub am Südhang der Schönleitenspitze im Lesachbach erwähnt werden. Dieser Talzuschub liegt in Glimmerschiefern, weist eine Länge von 2250 m, eine Breite von 1050 m, eine Höhendifferenz von rund 600 m und eine maximale Mächtigkeit von rund 200 m auf. Die Gesamtmasse dieses Talzuschubes beträgt rund 100 Mill. m³. Auch im Ködnitzbach kommt es infolge der dort anstehenden Gipse zu Hanginstabilitäten und Massenbewegungen. Dort ist in historischer Zeit auch ein Bergsturz mit einem Volumen von rund 0,5 Mill. m³ niedergegangen. Felsstürze sind aus dem Fall-Windisch Tal und bei Pradel bekannt. Der Dorfersee im Dorfertal wurde ebenfalls durch einen Bergsturz aufgestaut. Auch im Felbertal hat ein kleinerer Bergsturz den Bach zu einem kleinen See rückgestaut (Abb. 185). Ein ausgedehnter Talzuschub befindet sich auch am Ausgang des Gradentales westlich der Ortschaft Putschall (östliche Schobergruppe). Der Talzuschub liegt in Gesteinen der Matreier Zone auf der orographisch linken Seite des Gradenbaches, beiderseits des Berchtoldgrabens, erstreckt sich über eine Höhe von ca. 1100 m und eine Breite von ca. 1000 m. Die durchschnittliche Neigung beträgt 25–27°. Ausschlaggebend für diesen Talzuschub sind Kluftflächen, die ungefähr hangparallel einfallen. An diesen Kluftflächen dringt vor allem während der Schneeschmelze und bei stärkeren Niederschlägen Wasser ein, dadurch werden die Kluftflächen zu Gleitflächen umgewandelt und Teile der instabilen Talflanke gleiten an diesen Flächen langsam zu Tal.

Abb. 185: Der Hinter See im Felbertal wird durch einen Bergsturz rückgestaut.

Abb. 186: Kleiner Bergsturz in Marmorgesteinen der Matreier Zone oberhalb der Gratzwinkel Alm am Aufstieg zur Glorer Hütte.

7 Mineralogische Kostbarkeiten

Die Metamorphose während der alpidischen Gebirgsbildung hat zwar fast alle in den ursprünglichen Sedimentgesteinen enthaltenen Fossilreste zerstört, aber sozusagen als Ersatz dafür ist während der Metamorphose eine große Zahl von Mineralien neu entstanden, die an vielen Stellen der Hohen Tauern oft in herrlichen Kristallen gefunden wurden und noch immer gefunden werden.

Für Mineraliensammler sind die Hohen Tauern ein klassisches Fundgebiet, vor allem die „alpinen Klüfte“ mit den darin enthaltenen, verschiedenen Kluftmineralen locken auch heute noch viele Mineraliensucher an.

Immerhin sind aus den Hohen Tauern über 150 verschiedene Minerale bekannt. Manche sind oft nur sehr klein und mit freiem Auge fast nicht erkennbar, andere dafür werden fast 1 m groß und erreichen ein Gewicht von mehr als 600 kg.

Kristalle bzw. Minerale findet man jedoch nicht überall in den Hohen Tauern in gleicher Häufigkeit. Besonders reichhaltige Mineralfunde stammen im Osten der Hohen Tauern aus dem Ankogel-Hochalmspitzmassiv, weiters aus der Goldberg-Sonnblick-Gruppe (teilweise zusammen mit Gold), weiters aus dem Venedigergebiet mit Habachtal, Untersulzbachtal usw., und im Westen aus den Zillertaler Alpen sowie aus der Umgebung des Pfitscher Joches.

Zunächst sollen die beiden Begriffe Mineral und Kristall kurz definiert werden. Minerale sind stofflich homogene Grundbausteine der Erde. Die meisten Minerale sind Festkörper und anorganisch entstanden, bestehen entweder aus den Elementen selbst (Gold, Kupfer, Schwefel, Diamant) oder aus Verbindungen mehrerer Elemente. Gegenwärtig sind rund 3500 verschiedene Minerale bekannt.

Kristalle sind gesetzmäßig aus den kleinsten Bausteinen (Atome, Ionen, Moleküle) aufgebaute Festkörper. Der regelmäßige innere Aufbau („Kristallgitter“) hat zur Folge, dass die Kristalle von ebenen Flächen („Kristallflächen“) begrenzt sind. Kristalle entstehen dann, wenn Minerale aus einer Lösung oder Gesteinsschmelze auskristallisieren und dabei von anderen Mineralen nicht behindert werden, sondern frei in die Lösung oder Gesteinsschmelze hineinwachsen können. Kommt es zur gegenseitigen Wachstumsbehinderung, so können die einzelnen Minerale nicht in ihrer Idealform (als Kristall) auskristallisieren.

Gesteine setzen sich entweder aus einer Mineralart oder aus mehreren verschiedenen Mineralien zusammen. Von den rund 3500 bekannten Mineralien sind am Aufbau der Gesteine im Wesentlichen nur rund 100 beteiligt. Diese werden entsprechend als „gesteinsbildende Minerale“ bezeichnet.

Bei den „alpinen Klüften“ handelt es sich meist um sogenannte „Zerrklüfte“, die in der Spätphase der alpidischen Gebirgsbildung und Metamorphose, als der Alpenkörper herausgehoben wurde, durch Dehnung (tektonische Zerrung) des festen Gesteins entstanden. Diese Zerrklüfte verlaufen mehr oder weniger senkrecht zur Schieferung, also ungefähr in N-S-Richtung, sind meist einige Meter, selten wenige Zehnermeter verfolgbar und maximal rund 2 Meter breit. Daneben werden auch Kluftrisse und Kluftspalten unterschieden. Während sich bei den Zerrklüften die beiden Gesteinskörper nur auseinander bewegt haben, haben sie sich bei den Kluftrissen und Kluftspalten auch lateral gegeneinander verschoben.

Vor allem breite Zerrklüfte (es handelt sich dabei eigentlich um Spalten) weisen oft einen offenen Hohlraum auf, in den die alpinen Kluftminerale in schön und vollkommen ausgebildeten, teilweise riesigen Kristallen hineinwachsen konnten, weil sich die einzelnen Minerale beim Wachstum nicht gegenseitig behindert haben. Die alpinen Klüfte sind aber in den meisten Fällen vollkommen auskristallisiert (Abb. 187, 188).

Die Art und Größe alpiner Klüfte ist auch stark vom Gestein abhängig, in dem sie auftreten. Ebenso sind die in den alpinen Klüften vorhandenen Mineralparagenesen vom Nebengestein abhängig.

Früher hat man angenommen, dass die Lösungen, aus denen die alpinen Kluftminerale auskristallisiert sind, Restlösungen von Magmen aus dem Erdinneren darstellen. Heute ist man dagegen der Ansicht, dass die Lösungen durch Stoffwanderungen im Zuge der alpidischen Metamorphose auf relativ engem Raum entstanden sind.

Nachdem die Klüfte durch Zerrung des Gesteins aufgegangen sind, wurden sie mit heißen, wässrigen Salzlösungen gefüllt. Diese Lösungen wurden während der Metamorphose freigesetzt und durch die hohen Temperaturen aufgeheizt. Diese Lösungen haben dann zusätzlich aus dem Nebengestein eine Reihe von Elementen herausgelöst.

Während der Druck- und Temperaturabnahme im Zuge der Heraushebung des Alpenkörpers sind aus diesen mit verschiedenen Elementen angereicherten Lösungen in einer ganz bestimmten Reihenfolge die „alpinen Kluftminerale" auskristallisiert, und zwar bei Temperaturen zwischen 600 °C und ungefähr 100 °C und Drucken bis zu rund 6 kbar.

In einigen alpinen Klüften tritt Beryll als Erstausscheidung, d.h. als Mineral, das als Erstes aus der Lösung auskristallisiert ist, auf. Beryll ist ein typisches Mineral der „pegmatitisch-pneumatolytischen Phase", das bei hohen Temperaturen von rund 600 °C gebildet wird.

In allen alpinen Klüften, unabhängig vom Nebengestein, treten die Minerale Adular, Albit, Calcit, Chlorit und Quarz (Bergkristall) auf.

Charakteristische Minerale in Klüften des Zentralgneises sind zusätzlich Apatit, Fluorit, Hämatit, Monazit, Muskowit, TiO_2-Minerale, Titanit und Zeolithe. In Klüften innerhalb von tonalitischen Gesteinen und Amphiboliten treten Aktinolith, Apatit, Epidot, Prehnit, Scheelit, Titanit und Zeolithe auf, in Schiefergneisen und Glimmerschiefern Berylliumminerale, Biotit, Monazit, Scheelit und TiO_2-Minerale, in Kalksilikaten und ultramafischen Gesteinen Epidot, Diopsid und Granat und in Karbonatgesteinen

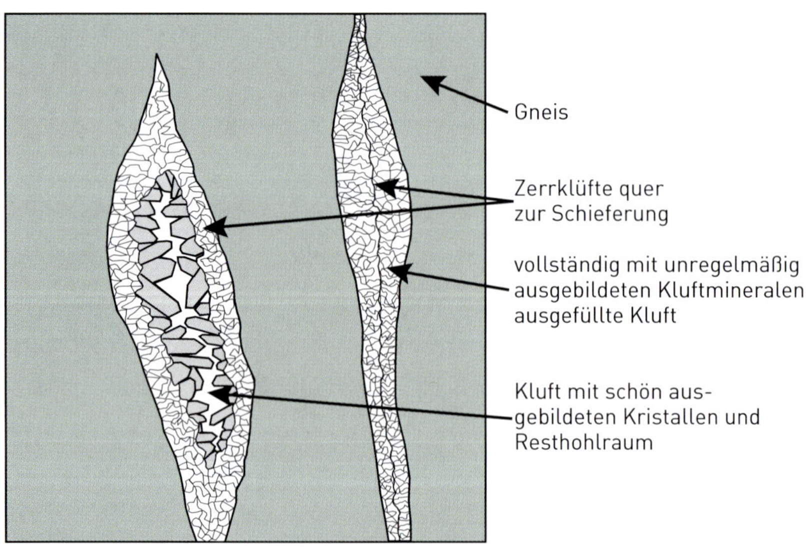

Abb. 187: Schematische Darstellung einer „alpinen Kluft" (Zerrkluft quer zur Schieferung des Gesteins). Die Kluft rechts im Bild ist gänzlich mit alpinen Kluftmineralen (v.a. Quarz) ausgefüllt, die Kluft links im Bild zeigt teilweise noch offenen Hohlraum, in den die alpinen Kluftminerale in Form idiomorpher Kristalle hineinwachsen konnten.

Abb. 188: Mächtiger Quarzgang („Alpine Kluft“) im Bereich des Unteren Schwarzhornsees (Ankogelgruppe).

neben Calcit und Quarz vor allem Dolomit und Eisenkarbonate.

Aus verschiedenen Untersuchungen ist bekannt, dass Quarz (Bergkristall), Feldspäte (Adular, Albit) und Karbonate (Calcit) bei Temperaturen zwischen 600 °C und 400 °C auskristallisiert sind. Rund 80 % einer Kluft bestehen auch aus diesen Mineralen, d.h. der Großteil der Klüfte wurde bereits sehr früh mit alpinen Kluftmineralen gefüllt.

Quarze, die unmittelbar nach dem Höhepunkt der letzten Metamorphose bei Temperaturen > 500 °C gebildet wurden, haben beispielsweise einen anderen Habitus (Kristallform), nämlich einen spitzrhomboedrischen (= Tessiner) Habitus, als Quarze, die unter 500 °C entstanden sind und normalprismatischen Habitus aufweisen.

Epidot wurde bei Temperaturen zwischen 300 und 500 °C, TiO_2-Minerale bei rund 400 °C, Prehnit bei 250–400 °C, Chlorite bei 200–400 °C gebildet und zuletzt entstanden bei relativ niedrigen Temperaturen (100–250 °C) die Zeolithminerale in der Reihenfolge Laumontit – Heulandit – Desmin – Skolezit und zuletzt, bei rund 100 °C , Chabasit.

Diese Mineralabfolge entspricht jener Mineralabfolge, die bei einer retrograden (rückschreitenden) Metamorphose entsteht.

Aus verschiedenen Untersuchungen geht hervor, dass im westlichen Tauernfenster die Kluftmineralbildung über einen Zeitraum von rund 15–20 Mill. Jahren erfolgte, wobei die letzten Kluftminerale vor rund 5 Mill. Jahren entstanden sein sollen, als die Lösungen die Temperatur von 100 °C unterschritten haben.

Die bedeutendste Mineralfundstelle der Hohen Tauern, gleichzeitig auch der bekannteste Edelsteinfundort der Alpen, ist die 1797 von C. M. Schroll entdeckte und beschriebene Smaragdlagerstätte an der Leckbachscharte (Legbachrinne) im Habachtal. Der genaue Fundort wurde von M. Mielichhofer 1829 lokalisiert. Hier wurde in der Zeit von 1860 bis etwa 1875 vom Wiener Juwelier S. Goldschmidt und dann wieder von 1896 bis 1906 unter hochalpinen Bedingungen Bergbau auf Smaragd betrieben.

Die Smaragdlagerstätte liegt in einer Gesteinsserie aus Amphiboliten, Glimmerschiefern, Serpentiniten und Talkschiefern der Habachformation am Rande des Zentralgneises.

Abb. 189: Smaragd aus dem Habachtal (max. 2.5 cm). Sammlung A. Steiner.

Die wichtigsten Smaragd führenden Gesteine sind Biotit-, Chlorit-, Aktinolith- und Talkschiefer. Die größten je gefundenen Smaragdkristalle erreichen eine Länge von über 10 cm. Meist liegt die Größe der Kristalle zwischen 0,5 und 2 cm.

Die Smaragd führenden Gesteine haben mindestens eine Metamorphose vor der alpidischen Gebirgsbildung unter Drucken von < 3 kbar und Temperaturen < 450 °C sowie eine alpidische Metamorphose („Tauernkristallisation") bei 4,5–6 kbar und max. 550 °C im Zeitraum zwischen ca. 50 Mill. und 35 Mill. Jahren (Eozän - Oligozän) mitgemacht. Während der alpidischen Metamorphose sind auch die Smaragde entstanden. **Smaragd** ist die Cr-führende, smaragdgrüne Varietät des Minerals Beryll, ein Beryllium-hältiges Silikatmineral (Abb. 189) mit der chemischen Zusammensetzung $Al_2Be_3[Si_6O_{18}]$. In neuester Zeit wurde Smaragd auch von der Kesselklamm im Untersulzbachtal in Form kleiner, aber schöner Kristalle bekannt.

Aus den Hohen Tauern ist von mehreren Stellen auch die himmelblaue, durchsichtige Varietät **Aquamarin** bekannt, selten auch aus alpinen Klüften (z. B. Umgebung der Berliner Hütte in den Zillertaler Alpen), vereinzelt in bis zu 10 cm großen Kristallen (Zirmseekar, Goldberggruppe, Untersulzbachtal, Scheelitlagerstätte Felbertal).

Der berühmte dänische Arzt und Naturforscher Nicolaus Steno (1638–1686), der im Jahre 1669 nach Innsbruck gereist war, soll im Auftrag der Prinzessin Anna de Medici auch die Smaragdlagerstätte besucht und begutachtet haben. N. Steno entdeckte das „Gesetz der Konstanz der Kristallwinkel", eines der wichtigsten Grundgesetze in der Kristallographie.

Eine nicht minder bedeutende, weltberühmte Mineralfundstelle liegt im benachbarten Untersulzbachtal. Es ist die berühmte „Knappenwand", Fundort außerordentlich großer und ideal geformter Epidotkristalle, die in mineralogischen Museen auf der ganzen Welt zu finden sind.

Diese Fundstelle wurde 1865 durch Zufall vom Schustermeister Alois Wurnitsch aus Wald im Pinzgau entdeckt. 1869 veröffentlichte der berühmte, an der Universität zu Prag lehrende Mineraloge Victor Ritter von Zepharovic die erste wissenschaftliche Arbeit über diese außergewöhnliche Mineralfundstelle mit den größten und schönsten Epidotkristallen der Welt.

Ab 1867 wurden die Epidote sogar bergmännisch abgebaut. Der Mineralbergbau auf Epidot wurde mit Unterbrechungen bis 1956 mit wechselndem Erfolg betrieben. 1977 wurde die Fundstelle vom Naturhistorischen Museum Wien gepachtet und im Rahmen des „Forschungsprojektes Knappenwand" wissenschaftlich untersucht und der Geolehrweg „Knappenweg Untersulzbachtal" errichtet.

In den alpinen Zerrklüften des Epidotstollens wurden auch eine Reihe anderer Kluftminerale gefunden, unter anderem Aktinolith (bis 5 cm Länge), Apatit (bis 8 cm), Calcit (Rhomboederkristalle mit Kantenlängen bis 35 cm), Albit, Adular, Ilmenit (bis 2 cm), Quarz (Bergkristall, bis 10 cm, z. T. als Doppelender), Scheelit (bis 5 cm) und Titanit.

Epidot ist ein gesteinsbildendes Silikatmineral mit der Zusammensetzung $Ca_2 (Fe^{2+}, Al) Al_2 [O/OH (SiO_4) Si_2O_7]$ (Abb. 190).

Abb. 190: Epidot, Söllnkar, Krimmler Achental. Länge ca. 4 cm (Johann Lerch).

Von der Knappenwand sind bis 25 cm lange Kristalle bekannt, auch wirrstrahlige oder bogenförmig verwachsene sowie mehrfach geknickte und gebogene, wieder verheilte Kristalle wurden gefunden. An den Kristallen sind bis zu 183 Flächenkombinationen nachgewiesen worden.

Abb. 191: Bergkristallstufe, Dössental bei Mallnitz, Höhe ca. 6 cm. Sammlung F. Stefan.

Epidot wurde auch an vielen anderen Stellen in alpinen Klüften gefunden, z.B. in den Zillertaler Alpen (Roter Kopf), im Krimmler Tal (Söllnkar), Obersulzbachtal (Seebachkar), Hollersbachtal, Ankogelgebiet und Sonnblickgebiet.

Im Zusammenhang mit Mineralien aus den Hohen Tauern fällt der Gedanke zunächst meist auf den „Bergkristall", und in der Tat ist Bergkristall das häufigste, wohl auch das bekannteste Mineral, ja das „alpine Kluftmineral" schlechthin.

Beim Mineral **Quarz** (SiO_2) werden 5 Farbvarietäten unterschieden: Weitaus am häufigsten ist der farblose, glasklare, durchsichtige, manchmal auch milchig trübe **„Bergkristall"** (Abb. 191), gefolgt vom rauchfarbenen, durchsichtigen **„Rauchquarz"** (Abb. 192). Ganz dunkelbraune, fast schwarze Rauchquarze werden auch als **„Morione"** bezeichnet. Daneben gibt es noch den **gemeinen Quarz,** der nicht durchsichtig ist und auch sehr häufig auftritt. Eine besondere Varietät ist der durch zahlreiche Hornblende-Einschlüsse grünlich gefärbte **„Prasemquarz"** (Abb. 193).

Abb. 192: Rauchquarz, Wiesbachrinne, Habachtal. Höhe des größten Kristalls ca. 15 cm. Sammlung A. Steiner.

Zu den reichhaltigsten Bergkristallfundgebieten zählen unter anderem die Rauris, das Ankogelgebiet und das Großvenedigergebiet, bedeutende Funde von Rauchquarz sind vor allem im Bereich Obersulzbachtal–Hollersbachtal getätigt worden. Prächtige Rauchquarze wurden in jüngster Zeit im Hocharn-Gebiet gefunden. **Amethyst,** die violette Varietät des Quarz, ist beispielsweise aus dem Zillertal (Umgebung der Berliner Hütte), der Stanziwurten, Rauris-Gastein oder der südlichen Venedigergruppe bekannt. Aus den Hohen Tauern wurden auch hin und wieder **„Citrine“** (gelbe Varietät des Quarz) gemeldet, doch dürfte es sich dabei in den meisten Fällen um oberflächlich limonitisch verfärbte Bergkristalle handeln. Echte Citrine stammen aus der Rauris und aus dem Großen Fleißtal sowie von der Wurten.

In den Hohen Tauern sind Bergkristalle von beachtlicher Größe gefunden worden: Ein in der Nähe von Kolm-Saigurn 1962 aus einer alpinen Kluft geborgener Bergkristall, aufgestellt im Haus der Natur in Salzburg, wiegt 250 kg. Einer der größten Bergkristalle, ebenfalls im Haus der Natur zu bewundern, stammt aus der Eiskögel – Nordwand/Ödwinkelkees im Stubachtal, misst 76 x 116 cm bei einem Umfang von 220 cm und wiegt 618 kg.

Quarz kommt in verschiedenen morphologischen Typen vor, man spricht vom „normalprismatischen Habitus“ und „Tessiner Habitus“, bekannt sind auch Durchwachsungszwillinge (Dauphineer Zwillinge, Japanerzwillinge, Abb. 194). Eine besondere morphologische Varietät bilden die **„Zepterquarze“**.

Neben Quarz findet sich in den alpinen Klüften der Hohen Tauern, die sowohl im Zentralgneis als auch in der Schieferhülle auftreten, eine große Anzahl von Mineralen in oft prachtvoller Form und Schönheit.

Zu nennen sind hier die verbreitet vorkommenden, oft wunderschönen Adularkristalle mit bis zu 20 cm Durchmesser, und beinahe ebenso große Albit- und Periklinkristalle. Diese drei genannten Minerale zählen zur Gruppe der Feldspäte, neben Quarz die häufigsten Minerale der Erdkruste. **Adular** ist eine Varietät des Orthoklas (Kalifeldspat, $K[AlSi_3O_8]$), **Albit,** $Na[AlSi_3O_8]$ ist das Na-Endglied der Plagioklasreihe, **Perikline** sind nach dem Periklingesetz verzwillingte Plagioklase.

Besonders große Kristalle des Borsilikatminerals **Datolith,** $CaB[OH/SiO_4]$ sind angeblich ebenfalls in den Hohen Tauern gefunden wor

Abb. 193: Prasemquarz (durch Hornblende-Einschlüsse grünlich gefärbt), Dössental bei Mallnitz, ca. 10 cm hoch. Sammlung F. Stefan.

Abb. 194: Japaner-Zwillinge, Dössental bei Mallnitz, ca. 1,5 cm. Sammlung F. Stefan.

den. Dieses Mineral ist von vielen Fundstellen bekannt, besonders häufig aus dem Bereich Obersulzbachtal–Habachtal.

In diesem Gebiet liegt überhaupt eine ganze Reihe von bekannten Mineralfundstellen, wie etwa die seit 1889 bekannte Epidot-Diopsid-Fundstelle im oberen Seebachkar (Obersulzbachtal) oder die Fundstelle vom Hopffeldboden mit einer sehr reichen Mineralführung. Von dieser Stelle sind bisher mehr als 50 Minerale bekannt, unter anderem solche, die Seltene Erden (Y, Zr, Nb, Ta und Ti) im Kristallgitter einbauen und ansonsten in den Hohen Tauern selten bis sehr selten auftreten. Zu nennen sind hier **Euxenit,** ein komplex zusammengesetztes Hydroxid mit der Formel (Y, Er, Ce, U, Pb, Ca) $[(Nb,Ta,Ti)_2\,(O,OH)_6]$, **Tanteuxenit,** eine Ta-reiche Varietät des Euxenit, **Fergusonit,** $Y(Nb, Ta)O_4$, **Synchisit,** ein Seltene-Erden-Karbonatmineral mit der Zusammensetzung $CaCe[F/(CO_3)_2]$, **Columbit** (Sammelname für die Vertreter der lückenlosen Mischreihe zwischen Niobit – $(Fe, Mn)\,(Nb,Ta)_2O_6$ – und Tantalit – $(Fe,Mn)\,(Ta, Nb)_2O_6$ – zwei Seltene-Erden-Minerale aus der Gruppe der Oxide), **Gadolinit,** ein Yttrium-Silikat mit der Zusammensetzung $Y_2FeBe_2[O/SiO_4]_2$, **Monazit,** ein Cer-Phosphat mit der Zusammensetzung $Ce[PO_4]$ (neben Cer sind auch geringe Mengen an La, Nd und Th enthalten), **Xenotim,** ein Yttrium-Phosphat $Y[PO_4]$ (neben Y sind auch U, Th, Zr, Sn, Si und S enthalten), und **Äschynit,** ein Seltene-Erden-Oxid der Zusammensetzung $(Ce,Th,Ca)\,(Nb,Ti,Ta)_2O_6$.

Vom ehemaligen Blei-Zink-Bergbau Achselalm im Hollersbachtal stammen die schönsten **Fluorite** (Flußspat, CaF_2) der Ostalpen. Violetter Fluorit in herrlichen Stufen stammt vom Hocharn. Die schönsten **Titanite** $CaTi[O/SiO_4]$, auch Sphen genannt (Abb. 195), in bis zu 8 cm großen Kristallen sind am Schwarzen Hörndl im Talschluss des Sulzbachtales gefunden worden. Bis zu mehrere cm große Titanitkristalle in vorzüglicher Ausbildung sind keine Seltenheit, wurden beispielsweise im Seebachtal und am Törlkopf bei Mallnitz gefunden. Bei Kals wurden ebenfalls riesige Sphenkristalle, zusammen mit Scheelitkristallen, Milarit u.a. gefunden.

Abb. 195: Sphen (Titanit), Gramul, Teischnitz. Länge ca. 1 cm. Sammlung F. Stefan.

Vom Beryller stammen wunderschöne, intensiv blau gefärbte **Aquamarine** (blaue Varietät des Beryll), ebenfalls in Form mehrere cm großer Kristalle.

Auch von der Südseite der Venedigergruppe, beispielsweise aus dem Umbaltal, vom Wallhorntörl oder von der Säulspitze, sind viele interessante Mineralfunde bekannt. So stammen die schönsten **Brookit**kristalle (TiO_2) der Alpen von der Osttiroler Seite der Venedigergruppe (Ostseite des Vorderen Eichham), um nur ein Beispiel zu nennen (Abb. 196).

Eine interessante Mineralfundstelle sind die Plattengneisbrüche in der Rauris zwischen Bucheben und Bodenhaus. Neben den üblichen alpinen Kluftmineralen wurden hier auch schöne Kristalle folgender Mineralarten gefunden: **Wulfenit** (Gelbbleierz, $Pb[MoO_4]$), **Monazit, Xenotim, Äschynit, Siderit** (Eisenspat, $Fe[CO_3]$), **Zinkblende** (Sphalerit, ZnS), **Gahnit** (Zinkspinell, $ZnAl_2O_4$), bis 5 cm große **Allanit**kristalle (Orthit, ein komplex zusammengesetztes Seltene-Erden-Silikat, enthält Ce, Sm, La, Y, U, Th) sowie Berylliumminerale **Beryll** (bis 1 cm; Abb. 197), **Phenakit** (Be_2SiO_4) und **Bertrandit** (Zersetzungsprodukt des Beryll, bis 1 cm groß, $Be_4[(OH)_2/SiO_4/SiO_3]$).

Einmalig ist auch die Fundstelle Totenköpfe/Hohe Riffl (Stubachtal). Aus der bis zu 200 m mächtigen, teilweise serpentinisierten Olivinfels-Pyroxenitlinse in der SW- und Nordflanke der Totenköpfe sind mehr als 100 Minerale bekannt, unter anderem herrliche **Vesuvian**kristalle bis 5 cm (Idokras, $Ca_{10}(Mg,Fe)_2Al_4[(OH)_4/(SiO_4)_5/(Si_2O_7)_2]$, **Zirkon** (bis 3 cm groß, $Zr[SiO_4]$), **Ilmenit**tafeln (Titaneisen, $FeTiO_3$), 1 cm große **Perowskit**kristalle ($CaTiO_3$), Knollen von **gediegen Kupfer,** verschiedene andere Cu-, Ni-, Fe- und Ag-Erze, bis 10 cm große, idiomorphe **Olivin**kristalle von teilweise Edelsteinqualität (Olivin: $(Fe,Mg)_2[SiO_4]$), sowie **Diopsid** (ein Mineral der Pyroxengruppe, $CaMg\,[Si_2O_6)$, **Tremolit** (Grammatit, $Ca_2Mg_5[(OH,F)/Si_4O_{11}]_2)$, **Calcit, Scheelit, Titanklinohumit** und viele andere. 1916 (?1918) ging von dieser Bergflanke ein Bergsturz auf das Untere Rifflkees nieder, in dessen Blöcken diese prachtvollen Minerale ebenfalls zu finden sind.

Auch das Ankogelgebiet ist bekannt für viele schöne Mineralfunde wie **Anatas** (Abb. 203), **Adular, Albit,** herrliche **Apatite** ($Ca_5\,[(F,OH)/(PO_4)]_3$), **Bergkristalle** mit **Tessiner Habitus, Brookit** (Abb. 196), **Baryt** (Schwerspat, $Ba[SO_4]$), **Chabasit** (Zeolithmineral, (Ca, Na_2) $[Al_2Si_4O_{12}]\,.\,6H_2O$; Abb. 198), **Chlorit** (glimmerartiges Mg, Fe, Al-Phyllosilikat mit OH), **Desmin**

Abb. 196: Brookit, Grauleitn, Ankogel. Länge des größten Kristalls ca. 6 mm. Sammlung F. Stefan.

Abb. 197: Beryll, Rossalm (Reißeckgruppe), Länge ca. 4 cm. Sammlung F. Stefan.

Abb. 198: Desminkugel (Durchmesser ca. 2 cm), Chabasit, Bergkristall und Chlorit. Rieken, Umgebung der Mooshütte. Sammlung F. Stefan.

Abb. 199: Hämatitrosetten, Tauerntal (Bockriegel) bei Mallnitz, Durchmesser ca. 0,5 cm. Sammlung F. Stefan.

Abb. 200: Magnetit, Rifflkees. Durchmesser des größten Kristalls ca. 1 cm. Sammlung F. Stefan.

(Stilbit, $Ca[Al_2Si_7O_{18}] . 7H_2O$; Abb. 198), **Epidot, Ilmenit** (Titaneisen, $FeTiO_3$), **Hämatit** (Abb. 199), **Laumontit** (Zeolithmineral, $Ca [AlSi_2O_6] . 4H_2O$; Abb. 201), **Magnetit** (Magneteisenerz, Fe_3O_4; Abb. 200), **Muskowit, Pyrit** (FeS_2; Pentagondodekaeder bis 1,5 kg), **Rutil** (TiO_2; Abb. 202), besonders schöne **Scheelit**kristalle und **Titanit** (recht häufig; Abb. 195). Von einigen Stellen ist auch das Mineral **Skolezit** $Ca[Al_2Si_3O_{10}] . 3H_2O$ (Abb. 204).

Abb. 201: Laumontit-Stufe, Steinbruch Koschach, Maltatal. Länge der Stufe ca. 10 cm. Sammlung F. Stefan.

Im 1940–1944 aufgefahrenen, 2425 m langen „Thermalstollen" (Radhaus-Unterbaustollen, Paselstollen) oberhalb Badgastein dringt ab Stollenmeter 1380 aus „Hitzeklüften" bis zu 45 °C warme, an Wasserdampf gesättigte, stark Radonhältige Luft hervor. In diesen Klüften konnten neben **Bergkristall, Chalcedon, Calcit, Fluorit, Desmin, Apophyllit** ($KCa_4 [F/(Si_4O_{10})_2] . 8H_2O$), **Laumontit, Glasopal** (Hyalit, wasserhelle, orange-feuerrote Varietät des Opal, $SiO_2 . nH_2O$), **Hämatit** und **Limonit** auch eine Reihe von tiefhydrothermal entstandenen Uranmineralen entdeckt werden, wie **Haiweeit** ($Ca[(UO_2)_2/Si_6O_{15}] . 5H_2O$), **Beta-Uranophan, Uranophan** ($CaH_2[(UO_2/SiO_4]_2 . 5H_2O$), **Kasolit** ($Pb_2[(UO_2/SiO_4]_2 . 2H_2O$). In den Klüften bilden sich auch heute noch Uranminerale wie **Schroeckingit** ($NaCa_3[UO_2F/SO_4/(CO_3)_3] . 10H_2O$), **Zippeit** (Uranblüte, $2UO_3 . SO_4 + 3\text{-}6H_2O$) und **Uranhältiger Glasopal.**

Abb. 202: Rutil (Sagenit), Wurtenkees. Sammlung F. Stefan

▶ Sammeln von Mineralien im Nationalpark Hohe Tauern

Im Nationalpark Hohe Tauern, insbesondere in der Kernzone und in den Sonderschutzgebieten, ist jeder Eingriff in die Natur und jede Beeinträchtigung des Landschaftsgebietes laut Nationalparkgesetz der einzelnen Bundesländer untersagt. Auch das Sammeln von Mineralien unterliegt den Nationalparkgesetzen der einzel-

Abb. 203: Anatas, Grauleitn, Ankogel, Höhe ca. 3 mm. Sammlung F. Stefan.

Abb. 204: Skolezit, Steinbruch Koschach, Maltatal, Höhe ca. 3 cm. Sammlung F. Stefan.

nen Bundesländer und ist in der Kernzone und in den Sonderschutzgebieten grundsätzlich verboten. In der Außenzone ist das Aufheben und Mitnehmen von losen Mineralen möglich, der Abbau mit Handhämmern und Handmeißeln jedoch teilweise bewilligungspflichtig (z. B. auf bewirtschafteten Almflächen und innerhalb eines Streifens von 50 Metern beiderseits gekennzeichneter Wege und Steige). In Kärnten gilt in der Außenzone des Nationalparks das Kärntner Naturschutzgesetz, welches das Sammeln von Mineralien unter Verwendung von Hilfsmitteln (maschinelle Einrichtungen, Spreng- oder Treibmittel oder sonstiger chemischer oder mechanischer Hilfsmittel) verbietet und nur für wissenschaftliche Zwecke oder Lehre eine Ausnahmebewilligung der Landesregierung erteilt werden kann.

8 Bergbau in den Hohen Tauern

8.1 Einige Daten zur Bergbaugeschichte

Bergbau hat in den Hohen Tauern eine mehr als 2000 Jahre alte Tradition. Besonders die Suche nach den Edelmetallen Gold und Silber stand dabei lange im Vordergrund, heute ist es Wolfram. Vielerorts kann der aufmerksame Bergwanderer die Reste eines einst blühenden und bedeutenden Bergbaues in Form von verfallenen Knappenhäusern, Stollenmundlöchern, Bergbauhalden und Schlackenresten beobachten. Die Verbreitung der bedeutendsten Bergbaue in den Hohen Tauern ist aus Abb. 205 ersichtlich.

Alte Schmelzplätze mit Schlackenfunden am Mattersberg und Klaunzerberg (mit Bronzefunden) in der Umgebung von Matrei in Osttirol und bei Prägraten im Virgental weisen darauf hin, dass im Raum Matrei schon in der Bronzezeit, wahrscheinlich auch schon früher, Bergbau auf Kupfererze betrieben wurde.

Im Virgental gibt es auch Hinweise, dass dort in der älteren Eisenzeit Kupferbergbau betrieben wurde.

Im Pinzgau nördlich der Salzach (Dienten/ Hochkönig) wurde bereits in der Bronzezeit (ca. 1800 v. Chr.) Kupfer abgebaut, was durch entsprechende Funde nachgewiesen ist. Ob zu dieser Zeit auch die Kupferlagerstätten südlich der Salzach, etwa im Untersulzbachtal, bekannt waren und beschürft wurden, ist nicht bekannt. Dies wird jedoch aufgrund eines im Jahre 1910 in der Nähe der Goldquarzgänge am Radhausberg bei Gastein gefundenen, bronzezeitlichen Steinbeiles aus Serpentin vermutet. Ebenso darf angenommen werden, dass auch die Goldgewinnung bereits wesentlich früher einsetzte.

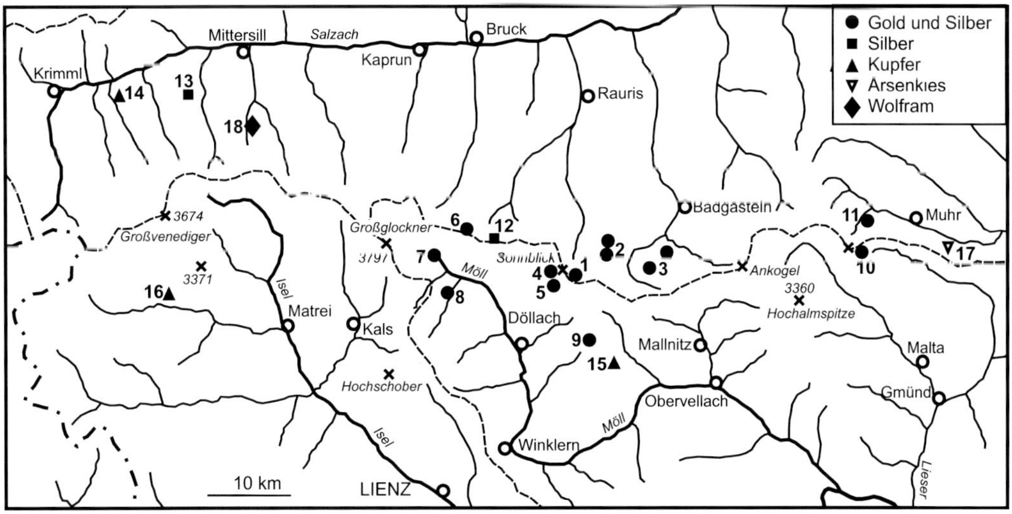

Abb. 205: Übersichtskarte mit der Verbreitung ehemals bedeutender Bergbaue in den Hohen Tauern: 1 Rauriser Goldbergbau, 2 Siglitz-Pochhart-Erzwieser Bergbaurevier, 3 Radhausberg, 4 Goldzeche, 5 Parzisselbaue, 6 Goldbergbau Kloben und Brennkogel, 7 Goldbergbau Pasterze, 8 Goldbergbau Gößnitz, 9 Waschgang, 10 Goldbergbau in der Lanisch, 11 Goldbergbau Schellgaden, 12 Silberbergbau Knappenstube (Hochtor), 13 Silberbergbau Achselalm, 14 Kupferbergbau Hochfeld, 15 Kupferbergbau Fragant, 16 Pyrit-Kupferkiesbergbau nördlich Prägraten, 17 Arsenkiesbergbau Rotgülden, 18 Wolframbergbau Felbertal.

Die ersten Berichte über die Goldgewinnung in den Hohen Tauern im heutigen Kärnten durch die keltischen Stämme der Taurisker und Pisontier stammen vom griechischen Geschichtsschreiber Polybios (ca. 200–120 v. Chr.), überliefert vom griechischen Geograph Strabon (63 v. Chr.–26 n. Chr.).

Das Gold wurde zunächst hauptsächlich aus den Flussablagerungen herausgewaschen, daneben wurde wohl auch schon oberflächennaher Bergbau (Tagebau, oberflächennahe Schürfungen) betrieben.

Mit der Einverleibung Norikums in das Römische Reich fiel auch der gesamte von den Kelten betriebene Bergbau in die Hände der Römer, die nicht nur am „Norischen Eisen", sondern auch am Tauerngold großes Interesse hatten.

Mit dem Zerfall des Römischen Reiches und dem Einfall slawischer Stämme in die Alpen war auch ein Niedergang des Bergbaues verbunden.

Der berühmte Arzt und Naturforscher Belsazar Hacquet (1739/1740–1815) soll im Bergarchiv zu Obervellach eine Nachricht vorgefunden haben, derzufolge im Jahre 711 die ehemaligen römischen Gruben am Naßfeld wieder in Betrieb genommen worden sein sollen.

Goldgewinnung (vermutlich Goldwäsche) ist für Salzburg für das Jahr 908 urkundlich belegt („in auro et sale"). Von diesem Zeitpunkt an scheint sich der Bergbau, insbesondere der Goldbergbau, mit kurzzeitigen Unterbrechungen wieder erholt zu haben, bis er schließlich zu Beginn des 15. Jahrhunderts einen ungeahnten Aufschwung nahm. Beispielsweise kann 1340 in Rauris bereits umfangreiche Bergbautätigkeit nachgewiesen werden. 1342 wurde namentlich für Gastein, vermutlich auch für Rauris, eine erste regalrechtlich begründete Bergordnung erlassen, 1346 wird Goldbergbau in Rauris urkundlich erwähnt.

Die Blütezeit des Gold- und Silberbergbaues in den Hohen Tauern dauerte vom Beginn des 15. Jahrhunderts bis zum Ende des 16. Jahrhunderts. 1489 beteiligten sich sogar die Fugger aus Augsburg an der Goldgewinnung und errichteten bald darauf in Gastein eine eigene Schmelzhütte.

In den Jahren zwischen 1552 und 1590 wurden die größten Goldmengen gefördert. 1570 betrug die aufgefahrene Stollenlänge im Bergbau Rauris 5650 m, zwischen 1562 und 1579 wurden jährlich über 3000 Tonnen Erz mit Schlägel und Eisen gewonnen, um 1500 war der Bergbau mit 80–300 Knappen belegt.

Um 1570 waren am Radhausberg 25 Stollen mit rund 12.200 m Länge in Betrieb, im Siglitz-Pochhart-Erzwieser Revier 41 Stollen mit 13.500 m Länge (1650 aufgelassen). Die Bedeutung allein der damaligen Oberkärntner Bergbaue geht auch aus der Tatsache hervor, dass im 15. Jahrhundert in Obervellach ein „Oberstbergmeister- und Frohnamt" eingerichtet war, das für die gesamten innerösterreichischen Bergwerke, also für sämtliche Bergwerke der Steiermark, Kärnten und Krain, zuständig war. Es bestanden damals insgesamt 15 Berggerichtsdistrikte. Für den Oberkärntner Gold- und Silberbergbau zuständig waren die Berggerichtsdistrikte Großkirchheim und Obervellach.

Im Berggerichtsdistrikt Großkirchhheim standen beispielsweise im Jahre 1496 unter anderem die Gruben am Kloben, im Guttal, auf der Goldzeche und Oexlingerzeche, am Hirtenfuß, Pilatussee und Modereck, in der Gößnitz, auf der Grasleiten und Milleiten in Betrieb.

Der Höhepunkt des Bergbaues im ehemaligen Berggericht Windisch Matrei (heute Matrei in Osttirol) fällt ebenfalls in den Zeitraum von etwa 1535 bis 1610. Abgebaut wurden hauptsächlich Kupfererze, aber auch nach Gold und Silber wurde geschürft. Am Südhang der Kranzwand im mittleren Teischnitztal soll im Mittelalter ein ausgedehnter Kupferbergbau bestanden haben. Die Vererzung (Kupferkies, Pyrit und Magnetkies) liegt in Talk- und Chloritschiefern. Allerdings erlangte der Bergbau im Berggericht Windisch Matrei nie größere Bedeutung.

Die einzelnen Gruben waren selten in der Hand eines einzelnen Grubenbesitzers oder „Gewerken". Meist waren an den einzelnen Gruben mehrere Gewerken beteiligt. Nach der damaligen Bergordnung waren die Gruben in Anteile aufgeteilt, und zwar jede Grube in Neuntel, wobei jedes Neuntel 4 Viertel und jedes Viertel 2 Teile hatte. Entsprechend umfasste eine Grube 72 Anteile (Kuxe).

An Abgaben („Frohn" und „Wechsel") mussten die Gewerken von den „Kies- und Glaserzen" jeden zehnten Zentner, von den „Goldbrucherzen" jeden zehnten Kübel leisten. Diese „Frohnerze" wurden in jedem Berggerichtsdistrikt von einem eigens bestellten „Fröhner" übernommen und überwacht.

Die Gewerken waren so lange frohnfrei, bis sie 3000 Kübel Golderze oder 200 Zentner Stufferze erbaut hatten. Auch von Erzen, die nicht mehr als „1 Loth güldenes Silber pro Zentner" enthielten, wurde ebenfalls kein Frohn eingehoben.

Die wöchentliche Arbeitszeit der Bergknappen betrug nach der Bergordnung von 1477 bis etwa 1532 im Allgemeinen 44 Stunden, Ende des 16. Jahrhunderts waren 48 Stunden üblich, 1773 sogar 60 bis 63 Stunden.

Mitte des 16. Jahrhunderts setzte ein rascher Verfall des Gold- und Silberbergbaues ein. Die Gründe für den Niedergang des Bergbaues waren wohl sehr vielfältig. Als Gründe werden in der Literatur u. a. die Religionswirren der Gegenreformation genannt, was zur Auswanderung vieler protestantischer Gewerken und Knappen geführt haben soll.

Als weiterer Grund wird auch die um 1570 einsetzende dramatische Klimaverschlechterung angeführt. Allerdings setzte der Rückgang des Bergbaues bereits vor den Gletschervorstößen der Kleinen Eiszeit ein, hatte also nichts mit der Klimaverschlechterung zu tun. Von diesen Gletschervorstößen waren nur ganz wenige, sehr hoch gelegene Abbaubereiche betroffen.

Der Hauptgrund für den Niedergang lag vor allem daran, dass die Erzlager immer weiter und tiefer in den Berg hinein verfolgt werden mussten, was mit immer größeren Abbaukosten verbunden war. Dazu kam noch, dass die Erzgehalte mit zunehmender Tiefe geringer wurden. Starke Wasserzutritte und schlechte Bewetterung einzelner tief gelegener Stollen und Schächte verursachten zusätzliche Probleme und Kosten.

Auch die zunehmende technische Rückständigkeit im Abbau und in der Aufbereitung der Erze (bei der Aufbereitung gingen bis zu 60 % des Goldgehaltes verloren!) wirkten sich zunehmend negativ aus.

Ende des 17. Jahrhunderts wurden einige Gruben wieder in Betrieb genommen, jedoch ohne Erfolg, sodass um 1750 der Bergbau wieder fast erlosch und Ende des 18. Jahrhunderts schließlich völlig eingestellt wurde.

Zu Beginn des 19. Jahrhunderts wurden wieder einige Gruben beschürft, jedoch ohne Erfolg. 1869 begann Baron May de Madiis den Goldbergbau in größerem Stil wieder aufzunehmen, jedoch mit geringem Erfolg, 1907 musste der Betrieb schließlich wieder eingestellt werden.

1880 erwarb Ignaz Rojacher aus Rauris vom Staat den Bergbaubetrieb am Goldberg, den er privat recht erfolgreich bis 1889 führte und dann an ausländische Betreiber weiterverkaufte.

Zuletzt wurden 1983 bis 1986 von der St. Joe Mining Company im Bereich Rauris Explorationsarbeiten durchgeführt.

Zu einer Wiederbelebung des Goldbergbaues auf Salzburger Seite im Bereich Naßfeld südlich Böckstein kam es im Jahre 1907 unter der Führung des schweizer Tunnelbau-Ingenieurs Dr. Karl Imhof. Die Wiedergewältigung des „Versuchsbergbaues" hatte zum Ziel, durch tiefergelegene Unterbaustollen, die auf einer Seehöhe von rund 1600 m angeschlagen wurden, die einzelnen Reviere zusammenzufassen und zu unterfahren. Folgende Reviere sollten in diesem Projekt miteinander verbunden werden: Radhausberg, Siglitz-Pochhart-Erzwies-Gangsystem, Rauriser Goldberg, Groß-Zirknitz-Goldrevier und die Goldzeche.

1912 wurde der Imhof-Unterbaustollen angeschlagen, auch der Angertalstollen und weitere Unterbauprojekte wurden begonnen. Gleichzeitig wurden Aufbereitungsversuche mit der Methode der Zyanlaugung durchgeführt. Dabei wurde das Gold aus den mechanisch aufgeschlossenen Erzen mittels verdünnter, wässriger Alkalizyanlösung herausgelöst. Mit dieser Methode konnten im Gegensatz zur Amalgamationsmethode weit über 90 % des Goldes aus den Erzen gewonnen werden.

Die letzte Betriebsperiode fällt in die Zeit des 2. Weltkrieges (1940–1944). Während dieser Periode wurde beispielsweise der Siglitz-Unterbaustollen vollendet, der eine Verbindung zwischen Gasteiner Tal und Rauriser Tal herstellt, sowie der Radhaus-Unterbaustollen (Paselstollen) aufgefahren (heutiger Thermal- bzw. Heilstollen).

8.2 Vorkommen und Auftreten des Goldes

Die größten Mengen an Gold wurden aus den sogenannten „Goldquarzgängen“ (Tauerngoldgänge) gewonnen. Es handelt sich dabei um oft lang anhaltende, im Abstand von 50–150 m auftretende, häufig NNE-SSW-streichende, bis über 1 m mächtige Gänge, die neben Quarz eine Reihe von Erzmineralen (Pyrit, FeS_2; Kupferkies, $CuFeS_2$; Zinkblende, ZnS; silberhältiger Bleiglanz, PbS; Arsenkies, FeAsS; Antimonit, Sb_2S_3 u. a.) und selten auch die von Mineraliensammlern begehrten „alpinen Kluftminerale“ enthalten (siehe Abb. 206, 207).

Daneben wurde Gold auch aus „Imprägnationserzen“ gewonnen, d. h. aus fein verteilten, goldhältigen Erzmineralen (v. a. Pyrit und Kupferkies; z.T. auch als Freigold), in Chloritschiefern und Prasiniten (Grünschiefern).

Das Gold kommt entweder in gediegener Form eingewachsen vor allem im Quarz der „Goldquarzgänge“ vor und wird dann als Berggold bezeichnet.

Das Freigold, das meist einen geringen Silbergehalt aufweist, also nicht chemisch rein ist, tritt in Form kleiner Blättchen oder Körner auf. Am Waschgang, einer bekannten Grube für Freigold, waren Blättchen von 1–2 cm Durchmesser keine Seltenheit, auch Goldkörner von Haselnuss-

Abb. 206: Quarzgang, teilweise leicht vererzt („Goldquarzgang“), in Prasiniten der Oberen Schieferhülle am Eingang in die Möllschlucht in der Nähe des ehemaligen Goldbergbaues „Pasterze“.

Abb. 207: Vererzung in einem „Goldquarzgang“ im Bereich des ehemaligen Goldbergbaues „Pasterze“, bestehend aus Pyrit (vermutlich goldhältig), Kupferkies und dem sekundären Kupfermineral Malachit.

größe wurden gefunden. Im Mineralienkabinett (heute Naturhistorisches Museum) in Wien soll „eine Goldstuffe vom Waschgang, die 94 Dukaten aufwiegt" (entspricht ca. 330 g), ausgestellt gewesen sein.

Große Gehalte an Freigold wurden auch in den Gruben der Goldzeche, Gößnitz, Fleiß und Zirknitz gewonnen.

Daneben kommt das Gold, ebenso wie das Silber, in Form winziger Einschlüsse in anderen Erzmineralen vor, insbesondere in Pyrit, Arsenkies und Kupferkies. Der wichtigste Silberträger ist silberhältiger Bleiglanz. Diese goldhältigen Erze wurden auch als „Glaserze" bezeichnet.

Man unterschied

- gold- und silberhältige Kupferkiese („gelbes Glaserz") mit: 0,02–0,1 % Ag
0,002–0,01 % Au
10–20 % Cu
- gold- und silberhältigen Schwefelkies (Pyrit) mit: 0,0156–0,01 % Ag
0,001–0,06 % Au
bis 3 % Cu
- silberhältigen Bleiglanz mit bis zu
0,3 % Ag

sowie gold- und silberhältigen Arsenkies.

Da in den Erzen neben Gold stets auch Silber enthalten war, wurde selbstverständlich auch das Silber mitgewonnen, wobei insgesamt ungefähr viermal soviel Silber wie Gold gewonnen wurde.

Das aus den Bächen und Flüssen aus den feinkörnigen Sedimenten herausgewaschene Gold wurde als „Waschgold" bezeichnet (heute: Seifengold). Das Waschgold ist meist chemisch am reinsten, weist also die höchsten Goldgehalte auf.

8.3 Abbau- und Aufbereitungsmethoden

Eine relativ einfache und vor allem in der Anfangszeit des Goldbergbaues vermutlich am häufigsten praktizierte Methode war die Gewinnung des Goldes durch das Herauswaschen aus den Sedimenten der Bäche und Flüsse in Oberkärnten, Salzburg und vereinzelt auch in Tirol. Gewonnen wurden kleine Blättchen und Körner von Freigold = Waschgold.

Die bergmännische Gewinnung der Erze erfolgte in der ältesten Phase zunächst wohl im Tagbau, wo in kleinen Pingen, Schürfen und Röschen die zutage tretenden Erze abgebaut wurden.

Notgedrungenermaßen musste bald zum untertägigen Abbau übergegangen werden. Mühselig mussten die Stollen in Schrämmarbeit mit Schlägel und Eisen vorgetrieben werden. Teilweise wurde auch die Methode des Feuersetzens angewendet oder die Knappen trieben getrocknete Holzpflöcke in mühsam angefertigte Bohrlöcher. Die Holzpflöcke wurden dann mit Essig oder Essigwein getränkt, auf diese Weise zum Aufquellen gebracht, wodurch das Gestein etwas gelockert wurde.

Im Rauriser Goldbergbau waren die Stollen rund 2 m hoch, unten (in der Sohle) 33 cm, auf halber Höhe des Ulms fast 60 cm und in der Firste 25 cm breit.

Durch Schrämmarbeit konnte ein Knappe pro Woche (bei 48 Stunden Arbeitszeit) etwa 350–700 kg Hauwerk hereingewinnen.

Dazu kamen noch die langen, oft gefährlichen Anstiegswege zu den vielfach sehr hoch gelegenen Gruben, zu denen das Werkzeug der Knappen („Gezähe"), Proviant, Grubenholz für das Auszimmern der Gruben etc. transportiert werden musste.

Besonders im Frühjahr und Frühsommer erschwerten oder verhinderten die infolge der Schneeschmelze stark auftretenden Grubenwässer die Arbeit in den meisten Gruben. Die Stollenmundlöcher vieler Gruben waren zum Schutz vor Lawinen durch Schneekrägen mit den Berghäusern verbunden, sodass auch im Winter die meisten Gruben belegt waren und nur in extrem gelegenen Gruben in den Wintermonaten der Abbau völlig eingestellt wurde.

Ein weiteres Problem war der Transport der gewonnenen Erze zu den mit Wasser angetriebenen „Pochwerken", die in den tieferen Regionen entlang der Bäche errichtet wurden.

Ein Grund für den Aufschwung des Goldbergbaues in den Hohen Tauern war der Einsatz neuer Technologien in der Erzaufbereitung, die Einführung wasserbetriebener Pochwerke und Erztransport mittels „Sackzug“. 1508 konstruierte August Kröpfl aus Gastein eine verbesserte Erzmühle. Bereits 1515 können für das Gasteiner und Rauriser Revier hölzerne Schienen für die Grubenhunte nachgewiesen werden. Vom hohen technischen Niveau der Goldbergbaue in den Hohen Tauern war auch der beste Kenner des gesamten damaligen Montanwesens, Georgius Agricola (Humanist, Arzt und Mineraloge, 1494–1555) beeindruckt, als er den Rauriser Goldbergbau besuchte.

Eine wesentliche Erleichterung beim Abbau der Erze sowie höhere Abbaumengen brachte die Einführung der Sprengarbeit mit Schwarzpulver (Schießpulver) mit sich. Sprengarbeiten mit Schwarzpulver wurden am Radhausberg erstmals 1642 durchgeführt, in Rauris vermutlich noch früher, und zwar bereits um 1630.

Aus dem „Hauwerk“ wurden zunächst händisch die goldführenden Gesteinsbrocken und Erze vom „tauben“ (nicht goldhältigen) Gestein getrennt und anschließend in den Pochwerken fein zerkleinert. Aus dem feinen Mahlgut wurde dann das Freigold, ähnlich wie das Waschgold aus den Bächen und Flüssen, herausgewaschen. Dieses Gold wurde auch als „Mühlgold“ bezeichnet.

Das chemisch gebundene und in verschiedenen Erzen feinst verteilte Gold wurde zunächst durch einfache Schmelzverfahren gewonnen. In der zweiten Hälfte des 16. Jahrhunderts wurde das Amalgamationsverfahren entwickelt. Mit Hilfe von Quecksilber (löst Gold) konnte das im Erz eingebaute Gold herausgelöst werden. Das dazu notwendige Quecksilber wurde aus Glatschach (Drautal), Zlan (Stockenboi) und Idria

Abb. 208: Mauerreste der alten Erzaufbereitungsanlage für die Gold- und Silbererze der Goldzeche im Kleinen Fleißtal („Alter Pocher“).

(Krain) bezogen. Durch diese Aufbereitungsmethode konnte allerdings nur ein relativ geringer Teil des Goldes gewonnen werden, die Verluste waren sehr hoch und betrugen durchschnittlich etwa 60 %, teilweise sogar mehr.

Da in den Erzen neben Gold auch Silber enthalten war, konnte aus dem Schmelzprozess zunächst nur eine Legierung aus Gold und Silber („Blick") gewonnen werden. Der „Blick" wurde einem nochmaligen Schmelzverfahren unterzogen, daraus wurde, je nach Überwiegen, „Brandgold" oder „Brandsilber" gewonnen, also immer noch kein Feingold oder Feinsilber. Dazu waren weitere Verfahren notwendig.

Die Gruben der Goldzeche lieferten beispielsweise in den Jahren zwischen 1548 und 1604 jährlich etwa 11 kg Gold. Im Jahre 1577 wurden im Gasteiner und Rauriser Revier insgesamt 830 kg Gold und 2723 kg Silber gewonnen. Die ertragreichsten Zechen waren angeblich am Gasteiner Radhausberg. Ab etwa 1560 war die Entwicklung allerdings rückläufig, 1615 wurden in Gastein und Rauris nur mehr 80 kg Gold und Silber gewonnen.

Von der Goldzeche und wohl auch von anderen hochgelegenen Gruben wurde das Hauwerk im Winter mit „Sackzug" in Ledersäcken zu den Pochwerken, von der Goldzeche beispielsweise zum Pochwerk in der Fleiß in ca. 1800 m Seehöhe (heute „Alter Pocher", Abb. 208), geschafft, wo das hältige Hauwerk gepocht und daraus das Mühlgold gewonnen wurde. Die gewonnenen Erze und Schliche wurden dann, ebenfalls im Winter auf Schlitten, zur nächsten Schmelzhütte (beispielsweise nach Döllach/Mölltal) gebracht und dort verschmolzen. Neben den Mauerresten des „Alten Pocher" wurde 2003 ein Goldgräberdorf nachgebaut.

Beim Goldbergbau auf der Goldzeche kostete im Jahre 1752 ein Kubikmeter Hauwerk an Häuerlohn, Geleuchte, Gezähverschlag (Werkzeugverbrauch) und Sprengmittel 7,25 g Feingold. Dabei enthielt eine Tonne hältiges Hauwerk der Goldzecher Gänge 10–50 g Gold und 30–100 g (vereinzelt bis 700 g) Silber im Durchschnitt. Meist lagen die Goldgehalte zwischen 8 und 15 g Au/t. Zur Zeit des Versuchsbergbaues 1907–1926 wurden durchschnittlich 11 g Au/t gewonnen.

Am Radhausberg betrugen die Kosten 1908 10,42 g und 1909 unter Verwendung von Bohrhämmern nur mehr 6,72 g Feingold pro Kubikmeter Hauwerk.

Der Wochenlohn eines Häuers betrug 1752 1,392 g Feingold und 1908/1909 10,188 g Feingold.

Wie viel Gold in den Hohen Tauern insgesamt gewonnen wurde, ist heute schwer abschätzbar. Älteren Angaben zufolge sollen während der Blütezeit, zwischen 1460 und 1560, jährlich bis zu rund 4000 kg Feingold gewonnen worden sein, ein Wert, der vermutlich zu hoch angesetzt ist. Auch die geförderten Silbermengen waren beträchtlich, betrugen etwa das Vierfache der Goldmenge.

Während der Blütezeit kann aber eine jährliche Goldausbringung von 1000–2000 kg angenommen werden, eine auch für heutige Verhältnisse recht bedeutende Menge. Auf alle Fälle waren zur damaligen Blütezeit die Goldgruben der Hohen Tauern der wichtigste Goldproduzent in Europa. Trotz der hohen Produktionskosten in den teilweise extrem hoch gelegenen Abbauen konnten in der Blütezeit die Gruben mit beträchtlichem Gewinn betrieben werden, sodass die Goldproduktion auf keinen Fall unbedeutend gewesen sein kann.

8.4 Einige Bergbaue in den Hohen Tauern

8.4.1 Goldbergbau im Bereich der Pasterze

Laut alten Angaben sollen im Bereich der Pasterze bereits 1446 Gruben auf Gold und Silber beschürft worden sein. Alte Bergbauspuren finden sich heute in der Nähe des Ausflusses des Sandersees in die Möllschlucht. Dieser Bereich war um 1620 bereits vom Gletscher überfahren und ist erst um 1950 eisfrei geworden. Die Vererzung liegt in bis zu über 1 m mächtigen Quarzgängen, die dort in den Kalkglimmerschiefern und Prasiniten der Oberen Schieferhülle auftreten. Erzspuren in den Quarzgängen (v.a. Kupferkies, Pyrit) können auch heute noch beobachtet werden (Abb. 206, 207).

8.4.2 Goldbergbau in der Gößnitz

In der Gößnitz bestand in ca. 1900 m Seehöhe auf der nordwestlichen Talseite, westlich der Wirtsbaueralm, Bergbau auf Gold und Silber.

Im 16. Jahrhundert waren die Gold- und Silbergruben mit 40–50 Knappen belegt, bei der Aufbereitung in den Pochwerken sollen weitere 25–30 Arbeiter beschäftigt gewesen sein. Mit dem Einsetzen der Religionswirren war auch ein Niedergang dieser Abbaue verknüpft. Von 1681 bis 1703 waren noch mehrere Gruben in der Gößnitz gefristet, nach 1703 scheint der Abbau völlig eingestellt worden zu sein. 1843 wurde der Bergbau mit 6 bis 7 Mann wieder aufgenommen, 1870 ging der Bergbau in den Besitz von Baron May de Madiis über, wurde aber bald wieder aufgelassen.

Abb. 209: Verfallenes Stollenmundloch des ehemaligen Goldbergbaues am Kloben. Reste der Holzzimmerung sind noch erkennbar.

Die Vererzung ist hier an einen quer über das Tal streichenden Chloritschieferzug gebunden und wurde in mindestens 6 Stollen abgebaut. Die Goldgehalte sollen beachtlich gewesen sein, genauere Angaben existieren nicht.

8.4.3 Bergbaue am Kloben und Brennkogel

Ein alter Gold- und Silberbergbau bestand am Kloben (2936 m), unmittelbar südöstlich des Gipfels in knapp 2900 m Seehöhe (westlich vom Hochtor, Lokalität „Bei der Knappenstube"). Neben dem Goldbergbau am nahe gelegenen Brennkogel-Nordgrat und der Goldzeche war dies einer der höchstgelegenen Bergbaue der Ostalpen. Die Vererzung liegt in Glimmerschiefern und besteht aus silberhältigem Bleiglanz, gold- und silberhältigem Pyrit und etwas Freigold. Die Grube soll sehr ergiebig gewesen sein. Die Erze enthielten rund 19 g/t Gold und 293 g/t Silber, Bleiglanz 0,18–0,22 % Silber. Aufgrund der extrem hohen Lage war dieser Bergbau von der Klimaverschlechterung wohl besonders stark betroffen. Erst durch das starke Abschmelzen der Gletscher in den Sommermonaten 1857 und 1859 sollen die Gruben vom Gletscher wieder freigelegt worden sein (Abb. 209, 210).

8.4.4 Goldzeche

Die Goldzeche bildet mit der Oexlinger Zeche und Seeleiten die westlichsten Goldbergbaue der Sonnblickgruppe (Abb. 213). Sie liegen im Kar oberhalb des Zirmsees auf der Südostseite des Hocharn (3254 m). Die alten Einbaue der Goldzeche erstrecken sich von 2700 m Seehöhe (Annastollen) bis auf 2925 m Seehöhe (Fundgrube). Beschürft wurden ein Hauptgang, zwei Liegendgänge und drei Hangendgänge. Die Gänge waren durchschnittlich ungefähr 0,5 m, maximal bis zu 2 m mächtig und enthielten stellenweise beachtliche Edelmetallgehalte, es werden bis zu 2,18 kg Gold und 0,86 kg Silber pro Tonne Erz berichtet (Abb. 211).

In der Unteren Goldzeche sind in den alten Stollen noch Holzreste der Zimmerung, ein Holzkorb mit Eisenbeschlägen zur Erzförderung

Abb. 210: Erzhalde im Bereich des ehemaligen Goldbergbaues am Kloben. Rechts oben sind noch Mauerreste erkennbar.

Abb. 211: Ölgemälde vom Goldbergbau „Goldzeche" im Kleinen Fleißtal (~1740–1745). Das oberste Grubenhaus gehört vermutlich zum Christophstollen, das untere verbindet den Annastollen mit dem Anna-Berghaus. Dazwischen befindet sich der Glückstollen. Im Hintergrund rechts sind zwei Erztransporte zu erkennen, in aneinander gereihten Schweinsledersäcken wird das Erz zu Tal transportiert (G. Kandutsch).

(Abb. 212) sowie Reste eines Pumpwerkes mit einem 13 m langen Holzrohr erhalten.

Die Goldzeche zählte zu den ergiebigsten Gold- und Silberbergbauen. Die erste Erwähnung geht auf das Jahr 1476 zurück (Eintragung im Khünburgischen Bergraitbuch), die höchsten Erträge an Gold und Silber wurden 1582 gemacht. Die letzten Betriebsperioden dauerten von 1831–1869 (Gewerken Komposch aus Dellach), von 1869–1907 und 1933–1936 (Barone May de Madiis).

Weitere Gold- und Silberbergbaue auf Kärntner Boden existierten am Hinteren Haupt und Hirtenfuß, im Groß-Zirknitztal (Freudental, Erbstollen und Christileidenstollen, Grasleitenstollen, Parzissel, Pilatussee, am Trömmern), im Klein-Zirknitztal (mehrere Schurfbaue ohne Bedeutung, Waschgang), Bergbaue in der Asten, im Fraganttal (Wurtental-Strabaleben, Großfragant-Langeleitn) sowie kleinere Gold- und Silberbergbaue im Mallnitztal.

Abb. 212: Ein alter Holzkorb mit Eisenbeschlägen zur Erzförderung aus einem Stollen der Unteren Goldzeche (G. Zagler).

8.4.5 Rauriser Gold- und Silberbergbau

In Salzburg ist vor allem der Rauriser Gold- und Silberbergbau zu erwähnen. Die Einbaue dieses einst sehr bedeutenden Bergbaues liegen am Fuße des „Goldberg Gletschers" (heute Vogelmaier-Ochsenkar-Kees), südlich des Naturfreunde Hauses, am Ostrand des ehemals ausgedehnten Gletschers an den Abhängen des Herzog Ernst (2933 m). Einzelne Baue reichen hinauf bis in den Bereich des Hohen Sonnblick und sind heute teilweise vom Gletschereis bedeckt.

Da dieser Bergbau über mehrere Jahrhunderte hindurch in Betrieb stand, weiß man über die Gletscherbewegungen und Gletscherstände während dieser Zeit recht gut Bescheid. Als beispielsweise der Bartholomä-Erbstollen auf 2300 m Seehöhe (im Bereich des „Knappenhauses", 2339 m) in der Mitte des 15. Jahrhunderts angeschlagen wurde, muss dieser Bereich eisfrei gewesen sein. 1570 lag dann bereits eine 20 m dicke Eisschicht über dem Mundloch. Die Dicke des Gletschereises nahm in den folgenden Jahren aufgrund des starken Gletschervorstoßes rasch zu, erreichte eine Mächtigkeit von rund 100 m, sodass der Stollen aufgegeben werden musste. 1875 hatte sich der Gletscher wieder bis rund 60 m über den Bartholomä-Stollen zurückgezogen. Stollen-Mundlöcher ziehen sich hinauf bis zur Fraganter Scharte (2735 m), die Vererzung setzt sich auf Kärntner Gebiet fort (Goldzeche, Oexlingerzeche, Hirtenfuß, Parzissel, Christileiden, Strabaleben). Das Gold tritt hier in den „Alpinen Goldquarzgängen" (Tauerngoldgänge) im Zentralgneis des Sonnblickkernes auf (Abb. 213). Es sind Quarzgänge mit Freigold, Pyrit, Kupferkies, Arsenkies, Bleiglanz, Zinkblende, Antimonit; Gangarten sind neben Quarz Kalzit, Ankerit und Siderit.

8.4.6 Bergbaue in der Umgebung von Gastein

Ein weiteres altes Gold- und Silberbergbaurevier ist der „Siglitz-Pochhart-Erzwieser Gangzug" südwestlich Badgastein. Dieses Revier mit zahlreichen Einbauen reicht vom Fuße des Schareck-Gletschers nach Norden über das

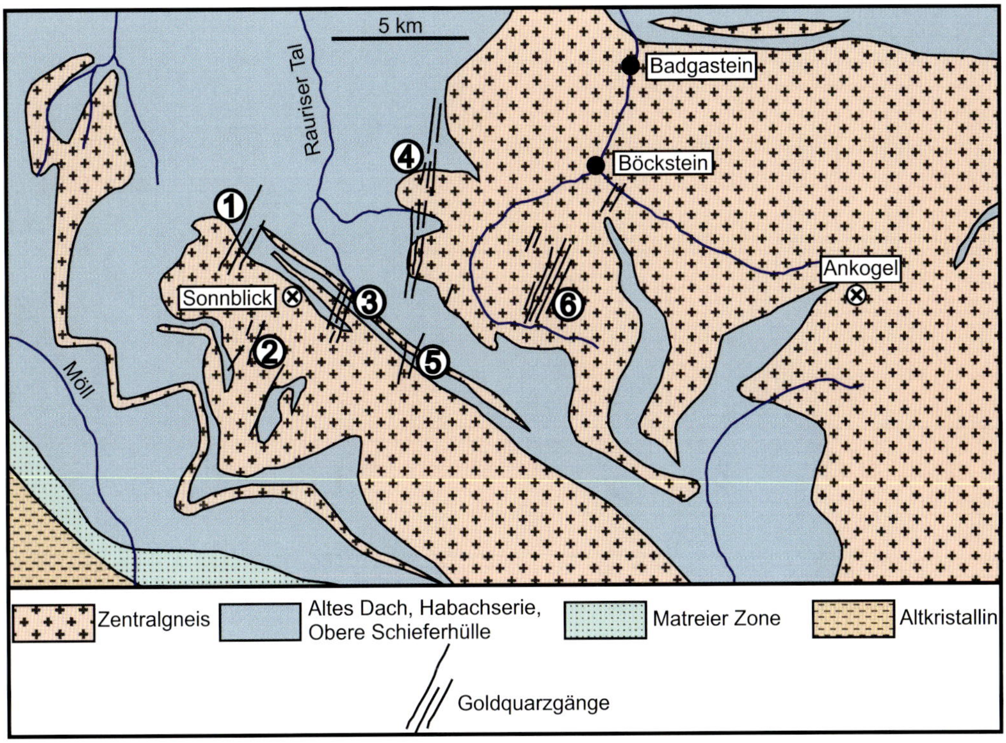

Abb. 213: Übersichtskarte mit Verbreitung der bedeutendsten Goldquarzgänge in den Hohen Tauern zwischen dem Hochtor und dem Tauerntunnel: 1 Gangsystem der Goldzeche, 2 Parzissel- Baue, 3 Hoher Goldberg (Rauriser Gangsystem), 4 Siglitz-Pochhart-Erzwieser Gangsystem, 5 Strabaleben, 6 Radhausberg (umgezeichnet nach DAMM & SIMON 1966).

Siglitztal, den Kolbenkarrücken – oberen Pochhartkar – Silberpfennig – Erzwies bis fast in das Angertal. Die Baue waren auf ein ungefähr NNE-SSW-streichendes Gangsystem („Goldquarzgänge“) angelegt (Abb. 213). Der Bergbau wurde bereits um 1650 aufgelassen, 1840–1851 wiedergewältigt und zuletzt durch den Imhof-Stollen unterfahren.

Auch am Radhausberg südlich Badgastein wurde Gold und Silber abgebaut. Von diesem Revier wird berichtet, dass zur Winterzeit auf einer eigenen Bahn die in „Schweinsfelle“ eingefüllten Erze in das Tal transportiert wurden, wobei jeweils mehrere Säcke zu einem Zug zusammengebunden und von einem Mann zu Tal gebracht wurden („Sackzug-Förderung“).

Kleinere, unbedeutende Gold- und Silberbergbaue existierten in den meisten südlichen Seitentälern der Salzach, beispielsweise im Fuschertal (Hierzbach, Schiedalpe – uralte Bergbaue, keine genauen Angaben), im Kapruner Tal (Wasserfallkar, Grubalpenkar), im Felbertal, Habachtal (reiche Silberbaue am Gamskogel), Hollersbachtal, Untersulzbachtal und Krimmlertal.

Als westlichster Goldbergbau ist jener von Zell am Ziller zu nennen, der erstmals 1127 urkundlich erwähnt wird. Nebenbei wurde natürlich auch an vielen Stellen entlang der Salzach und der südlichen Zuflüsse nach Gold gewaschen.

Die östlichsten Goldbergbaue vom Typus der Goldquarzgänge des Tauernfensters liegen am Ostende der Hohen Tauern, im Zentralgneis der Hafnergruppe: Bergbau Kölnbrein (unterhalb der Kölnbreinspitze) und Bergbau Stubenriegel südöstlich der Lanisch Seen. Der Gold- und Silberbergbau „in der Lanisch“ wird bereits 1425 erwähnt.

8.4.7 Goldbergbau Waschgang

Der ehemalige Goldbergbau Waschgang, seinerzeit für seine reiche Goldführung sehr bekannt, liegt in der südlichen Goldberggruppe, im Bereich der Kluidenscharte am Übergang vom Asten- in das Zirknitztal in ca. 2450 m Seehöhe (Abb. 214).

Im Bereich dieser Lagerstätte werden nach neueren Untersuchungen 2 Vererzungstypen unterschieden:

a) eine schichtgebundene (stratiforme) Vererzung in Form feinlagiger Kiesmineralisationen (Imprägnationserze). Diese Vererzung liegt in bis zu 20 m mächtigen Grünschiefern (Prasiniten), die in Kalkglimmerschiefern bis Kalkphylliten der Oberen Schieferhülle (Penninikum) eingeschaltet sind. Die Vererzung besteht aus überwiegend Pyrit, Magnetit und Kupferkies sowie etwas Bornit und Sphalerit. Gold ist submikroskopisch an Pyrit gebunden, Freigold ist in diesem Vererzungstyp nicht enthalten.

b) An die „Lettenkluft“, eine steil einfallende Nord-Süd verlaufende Störung, an der die Grünschiefer abgeschnitten werden, ist eine linsenförmige Kupferkies-Derberz-Mineralisation mit Quarz und Karbonat als Gangart gebunden. Dieser Vererzungstyp ist auch reich an Freigold, das in Drähten und bis 5 mm großen Plättchen auch heute noch auf Haldenstücken zu finden ist. Untergeordnet treten Pyrit, Bornit, Sphalerit, Magnetit und Hämatit auf. Interessant sind die teilweise sehr komplex zusammengesetzten Erzmineralphasen, die als Einschlüsse im Kupferkies vorkommen und mit der Mikrosonde und röntgenographischen Untersuchungsmethoden nachgewiesen werden konnten: Tetradymit, Hessit, Matildit, Minerale der Aikinit-Bismuthinit-Mischkristallreihe (Gladit, Krupkait, Pekoit), Benjaminit, Pavoit, Cuprapavoit und Siegenit. Viele dieser Mineralphasen enthalten bis zu 4 Gewichtsprozent Selen. Co und Ni in den Kupfererzen sind an Millerit und Siegenit gebunden, die ebenfalls als Einschlüsse auftreten.

Die schichtgebundene Vererzung ist syngenetischer Entstehung (gleichzeitig mit den Grünschiefern entstanden), die Derberze entstanden dagegen später, es handelt sich dabei um während der alpidischen Metamorphose aus der schichtgebundenen Vererzung mobilisierte Mineralisationen.

8.4.8 Goldbergbau Schellgaden

Am Nord- und Ostrand der Hafnergruppe treten am Rande des Zentralgneises und in den unmittelbar darüberliegenden Altkristallingesteinen der zum Alten Dach gehörenden Kareckserie (Paragneise, Amphibolite, Migmatite und Grüngesteine) in einem rund 30 km langen Streifen ebenfalls Goldmineralisationen auf.

Es handelt sich dabei um einen eigenen Lagerstätten-Typus, der unter dem Namen „Goldlagerstätte Schellgaden“ bekannt ist.

Die Vererzung tritt innerhalb der Grüngesteine in Form dünner, örtlich mächtiger werdender, schieferungsparalleler Lagen zusammen mit Quarz („Lagerquarz“) auf, auch Übergänge zu echten Gangbildungen sind bekannt.

Haupterze sind Pyrit, Kupferkies und Bleiglanz, untergeordnet Magnetkies und Zinkblende. Andere Erzminerale wie Buntkupferkies, Kupferglanz, Cerussit (Weißbleierz), Molybdänglanz, Scheelit, Wolframit, Cubanit, Valleriit, Wismut und interessante Tellurerze (Altait, Hessit, Tetradymit, Sylvanit) sind selten.

Gold kommt entweder als Freigold oder eingewachsen in Pyrit vor, Silber ist im Bleiglanz enthalten. Dieser Vererzungstyp unterscheidet sich von den Goldquarzgängen vor allem durch das Fehlen von Arsen bzw. Arsenkies.

Der Erzgehalt der Quarzlagen liegt bei 4–10 %, maximal bei rund 20 %. Die bedeutendsten Gruben liegen südlich von Schellgaden, das Hauptrevier bildet der 1820 m hoch gelegene Stüblbau mit einem mehrere Kilometer langen Stollensystem. Weitere bedeutende Gruben waren der Schulterbau und Pramleitenbau. Die geförderten Erze sollen 37,7 g Gold pro Tonne enthalten haben. Weitere alte Gruben, deren Lage teilweise nicht mehr genau bekannt ist, liegen sowohl östlich als auch westlich vom Hauptrevier. Die Vererzung lässt sich bis auf Kärntner Boden (Bergbau Zaneischg und Oberdorf im Pöllatal) verfolgen.

Der Goldbergbau Schellgaden wird erstmals 1354 urkundlich erwähnt, erlebte aber in seiner insgesamt langen Betriebsperiode jeweils nur kurze Blütezeiten mit längeren Ruheperioden dazwischen.

Abb. 214: Stollenmundloch in Grünschiefern, ehemaliger Goldbergbau Waschgang.

8.4.9 Silberbergbau Knappenstube

Auf der Nordseite des Hochtor befindet sich in unmittelbarer Nähe der Großglockner Hochalpenstraße der ehemalige Bergbau Knappenstube. Reste dieses Bergbaues sind heute noch in Form eines Stollenmundloches zwischen Kehre 16 und 17 sowie eines Schurfstollens mit einer kleinen Halde, Tagverhauen, Holzresten und verfallenen Grundmauern des ehemaligen Knappenhauses unmittelbar nördlich und nordöstlich des Parkplatzes zu sehen (Abb. 215).

Dieser Bergbau stand im Mittelalter, möglicherweise auch schon früher, in Betrieb, genaue Angaben fehlen.

Die Vererzung liegt in Kalkmarmoren der Seidlwinkltrias und besteht aus Bleiglanz, Fahlerz, Zinkblende und den sekundären Erzmineralen Hemimorphit, Hydrozinkit, Aurichalcit, Zinkspat, Azurit, Malachit, Bindheimit.

Interessant sind dicke Krusten von Akanthit (Ag_2S) und Covellin (CuS) um Bleiglanz und Fahlerz, ein typisches Merkmal für zementative Erzanreicherungsprozesse.

Eine genaue Untersuchung der Fahlerze hat ergeben, dass neben Tetraedrit (Antimon- Fahlerz) und Tennantit (Arsen-Fahlerz) auch Freibergit (Silber-Fahlerz) mit Ag-Gehalten zwischen 45,5 und 55 Gewichtsprozent enthalten ist. Abgebaut wurden Bleiglanz und Fahlerz, um daraus Silber zu gewinnen.

8.4.10 Kupferbergbaue

Als Beispiel soll der Kupferbergbau „Hochfeld" im Untersulzbachtal kurz beschrieben werden (Abb. 216, 217). Die ersten schriftlichen Nachweise dieses Bergbaues stammen aus dem Jahre 1525, 1537 wird das Bergbaurevier „Hochfeld" bereits namentlich erwähnt. Möglicherweise wurde in diesem Bereich schon viel früher Kupfer abgebaut, denn es ist bekannt, dass im Pinzgau bereits in der Bronzezeit (um 1800 v. Chr.) Bergbau auf Kupfer betrieben wurde. Allerdings liegen für eine solche bergbauliche Aktivität aus dem Untersulzbachtal keine Hinweise vor.

Im Bergbaurevier Hochfeld wurde neben Kupfer auch Silber und in geringen Mengen vermutlich auch Gold abgebaut. Das Kupfererz im Bergbaurevier Hochfeld enthält neben Kupfer auch Silber und in geringen Mengen Gold. Über eine Verhüttung liegt kein Nachweis vor.

Die Gruben gingen 1781 in den Besitz des Salzburger Erzbischofs über und wurden schließlich 1805 vom Staat (Ärar) übernommen. Der Grubenbetrieb wurde 1857 eingestellt und nach dem 1. und 2. Weltkrieg jeweils kurzfristig reaktiviert. Die letzte Betriebsperiode dauerte von 1946 bis 1953.

Die Vererzung liegt am Nordrand des Tauernfensters, in der Gesteinsabfolge der „Knappenwandmulde", die der Habachformation (Untere Schieferhülle) zugehört.

Die horizontgebundene Kupfer-Eisen-Sulfidmineralisation tritt in einer Wechselfolge von Grünschiefern (Biotit-Chlorit-Schiefer), Muskowitquarziten und Albitgneisen auf. Haupterzminerale sind Kupferkies, Magnetkies und Pyrit, untergeordnet finden sich Magnetit, Ilmenit, Bleiglanz, Zinkblende, Markasit, Cubanit und Molybdänglanz sowie die sekundären Erze (Verwitterungsprodukte der primären Erze) Covellin, Digenit, Goethit. Daneben konnten durch eine Neuuntersuchung vor einigen Jahren gediegen Gold (Einschlüsse in Pyrit, Bleiglanz und Kupferkies), gediegen Wismut, seltene Telluride (Altait, Hessit, Stützit), Tellurobismuthit sowie die Blei-Wismut-Salze Lillianit und Cosalit nachgewiesen werden.

Die Erzschiefer sind durchschnittlich 20 cm, stellenweise bis über 1 m mächtig. Die Hauptvererzung liegt im Biotit-Chlorit-Schiefer.

1755 betrug die Jahresförderung mit 34 Knappen 10.000 Kübel („Zentner") Erz mit ca. 5 Pfund Cu und 2 „Quintel" (= 8 g) Ag pro Kübel. Ab 1860 wurden jährlich mit 30 Mann rund 8000 Zentner Erz mit ca. 7,5 % Cu abgebaut. Die Verhüttung der Erze erfolgte in Mühlbach/Pinzgau.

Kupfer-Pyrit-Bergbaue existierten auch im Brenntal und Rettenbach. Gold-, Silber- und Bleibergbau gingen im Kapruner-, Hollersbach-, Habach- und Krimmler Tal, auf der Grub-, Achsel-, Flecktrogalpe, am Gamskogel und im Achental um.

Abb. 215: Verfallenes Stollenmundloch beim ehemaligen Silberbergbau „Knappenstube“ (Hochtor- Nordseite).

Auf der Südseite der Hohen Tauern stand der einst recht bedeutende Kupferbergbau Groß-Fragant über mehr als 150 Jahre in Betrieb. Dieser Bergbau liegt in rund 1850 m Seehöhe unmittelbar westlich der Fraganter Hütte (ehemaliges Berghaus) und wurde um das Jahr 1680 aufgenommen. 1835 wurde der Hauptbetrieb eingestellt und bis 1876 zeitweise mit Verlust in kleinem Rahmen weiterbetrieben, bis er schließlich eingestellt wurde. Die intensivste Abbauphase fällt in die Zeit des 1. Weltkrieges, 1921 wurde der Bergbau endgültig stillgelegt. Die Vererzung liegt in Kalkglimmerschiefern und Chloritschiefern der Matreier Zone, Haupterzminerale sind Pyrit, Kupferkies und Magnetkies. Der Metallgehalt betrug (1919) 45,6 % Fe, 2,765 % Cu und 41,5 % S. Die Erze enthielten auch Gold und Silber. Die 3 Erzlager mit Mächtigkeiten bis zu maximal 2 m waren durch insgesamt 18 Stollen aufgeschlossen. Zwischen 1740 und 1790 wurden jährlich 36.000 bis 40.000 Zentner Erz abgebaut und daraus 1000 Zentner Kupfer und 500–600 Zentner Schwefel gewonnen.

8.4.11 Arsenkiesbergbaue

Im Bereich der Hafnergruppe südlich der Mur treten in teilweise mächtigen Marmorzügen der Oberen Schieferhülle Arsenkiesvererzungen auf. Diese als heißhydrothermal gedeuteten Vererzungen, als „Arsenkieslagerstätte vom Typus Rotgülden“ bekannt, kommen in Form unregelmäßiger Hohlraumfüllungen und gangartiger Mineralisationen vor, die häufig an Störungszonen gebunden sind.

Haupterz ist Arsenkies, untergeordnet kommen Magnetkies, Pyrit, Kupferkies, Wismutglanz, Freigold, Bleiglanz, Zinkblende, Fahlerz sowie Kobalt- und Nickelminerale vor.

Die bedeutendsten Gruben liegen in 1500 m Seehöhe, unterhalb der Talstufe des Rotgüldensees, an der Ostseite des Rotgüldenbaches

Abb. 216: Spurnagelhunt zur Erzförderung im ehemaligen Kupferbergbau Hochfeld (Schaubergwerk).

in Kalk- und Dolomitmarmoren der Silbereckserie (Trias). Im oberen Teil der Lagerstätte war Gold angereichert. Die Erze des Bergbaues Rotgülden sollen 18,4 g Gold und 98,6 g Silber pro Tonne Kies (vermutlich Arsenkies) enthalten haben.

Arsenkies wurde gepocht (gemahlen) und gewaschen, anschließend in der „Gifthütte" in großen Flammöfen geröstet. Beim Röstprozess entwich der Schwefel als schwefelige Säure durch den Kamin. Die aufsteigenden Arsendämpfe schlugen sich als Flugstaub in besonderen Vorrichtungen, den „Giftkammern", nieder. Dieser Staub, auch „Hüttenrauch" oder „Hittrach" genannt (Arsentrioxyd), wurde anschließend in großen Eisenkesseln durch Sublimation raffiniert. Das sich dabei ablagernde Sublimat bildete eine dicke, weiße oder gelbliche Kruste, die an der Luft nach kurzer Zeit ein porzellanartiges Aussehen annahm. Diese porzellanartige Masse wurde schließlich gemahlen und als „Arsenik" in den Handel gebracht. Aus 20 % Arsenik und 80 % Schwefel wurde weiters Realgar hergestellt.

Die Arsenikgewinnung ist bereits Ende des 14. Jahrhunderts nachweisbar. 1612 wurden beispielsweise ca. 20.000 kg Hüttenrauch erzeugt, 1740 ca. 16.000 kg Arsenik, 1854 ca. 62.000 kg und 1872 ca. 48.000 kg Arsenik.

1879 wurde der Bergbau eingestellt, 1884 aufgelassen und nach dem 1. Weltkrieg kurzfristig wieder in Betrieb gesetzt.

Die Verhüttung von Arsenkies brachte auch Umweltprobleme mit sich. Das Entweichen von giftigen Arsendämpfen führte in der Umgebung der „Gifthütte" zu einer starken Geruchsbelästigung (Knoblauchgeruch), entweichendes Schwefeldioxid schädigte in der Umgebung die Vegetation, die Laubblätter färbten sich braun, sodass die „Gifthütte" schließlich nur von Oktober bis April betrieben werden durfte.

Abb. 217: Altes Gesenk im Kupferbergbau Hochfeld (Schaubergwerk) (Johann Lerch).

8.4.12 Wolframbergbau

Im Felbertal liegt am Westhang des Brentling, innerhalb der Habach Formation eine wirtschaftlich bedeutende Wolframvererzung. Die Lagerstätte, es handelt sich dabei um eine der größten Wolfram-Lagerstätten der Welt, wurde erst 1965 entdeckt, der Bergbau ging 1977 in Betrieb. Wolfram-Träger ist das Mineral Scheelit $Ca(WO_4)$, das übrigens auch von vielen anderen Stellen innerhalb der Habach Formation bekannt ist.

Die Scheelit-führende Serie ist rund 400 m mächtig, es ist eine Abfolge von verschiedenen basischen Magmatiten, in denen die Vererzung schichtgebunden auftritt. Die Entstehung der Vererzung wird mit submariner Hydrothermaltätigkeit und anderen magmatischen Prozessen erklärt. Die primäre, schichtgebundene Vererzung wurde während der alpidischen Gebirgsbildung metamorph und tektonisch überprägt, sodass heute drei Scheelitgenerationen nachgewiesen werden können.

Blick vom Margötzenkopf nach Osten. Links im Hintergrund der Hohe Sonnblick (4.10.1991).

9 Geologische Wandervorschläge

(die Wanderungen lassen sich auch mit botanischen Exkursionen kombinieren)

Obersulzbachtal

Das Obersulzbachtal, ein Seitental des Salzachtales, ist ein typisches glazial überprägtes Trogtal auf der Nordseite der Venedigergruppe. Der Talschluss ist vergletschert (Obersulzbachkees), der Obersulzbach mündet bei Rosental in die Salzach.

Das Obersulzbachtal durchschneidet den Zentralgneis und darin eingeschaltete Gesteine der Habachserie.

Am Taleingang (WH Siggen) sind sog. „Porphyrmaterialschiefer" (Porphyroide, Metaarkoseschiefer, dunkle Phyllite) der Oberen Schieferhülle aufgeschlossen. Anschließend folgen bis unmittelbar südlich der Postalm Augen- und Flasergneise (Zentralgneis). Eingeschaltet in diese sind zwei ungefähr WSW-ENE-verlaufende Gesteinszüge der Habachserie (helle Glimmerschiefer, Phyllite, Amphibolite, Chloritschiefer), und zwar im Bereich des Hopffeldbodens (Mineralfundstelle) und zwischen Kampriesen Alm und Berndl Alm.

Südlich der Postalm sind Metatonalite und Metagranite mit einzelnen Aplitgängen sowie Tonalitgneise, Augen- und Flasergneise (Keeskogel) und eingeschaltete Amphibolite (z.B. unmittelbar südlich der Kürsinger Hütte) aufgeschlossen.

Auf der Ostseite des hinteren Obersulzbachtales sind schöne Kare ausgebildet (z. B. Ofenkar, Mitterkar östlich der Obersulzbach Hütte). Der Keeskogel nördlich der Kürsinger Hütte ist ein typischer Karling. Nahe der Obersulzbach Hütte beginnt der „Gletscherweg Obersulzbachtal", der mit insgesamt 20 Haltepunkten bis zum derzeitigen Gletscherende führt. Dieser Gletscherweg ist in einem eigenen Führer ausführlich beschrieben, sodass auf eine Darstellung hier verzichtet werden kann.

Unterlagen: Naturkundlicher Führer zum Nationalpark Hohe Tauern, Band 4, Gletscherweg Obersulzbachtal mit Ergänzungsblatt „Verlängerter Gletscherweg Obersulzbachtal"; Österr. Karte 1:25.000 V, Blatt 151 Krimml; Geologiosche Karte der Republik Österreich 1:50.000, Blatt 151 Krimml.

Umbaltal mit Umbalfällen

Das Umbaltal liegt auf der Südwestseite der Venedigergruppe, verläuft vom Weiler Ströden (Parkplatz) westlich Hinterbichl zunächst in westlicher Richtung und biegt dann nach Nordwesten um. Von Ströden bis etwa 1 km NW der Clara Hütte verläuft das Umbaltal in Gesteinen der Oberen Schieferhülle. Bis zur Clara Hütte sind beiderseits der Isel Grünschiefer (Prasinite und Chloritschiefer) aufgeschlossen, in der Umgebung der Clara Hütte finden sich daneben auch Kalkglimmerschiefer.

Talaufwärts folgen ab etwa 2100 m Seehöhe paläozoische Glimmerschiefer und Phyllite mit eingeschalteten Amphiboliten (Äquivalente der Habachserie). Der Kammbereich von der Roßhut (3199 m) über die Dreiherrn Spitze (3499 m) bis zu den Simony Spitzen wird aus altkristallinen Paragneisen und Glimmerschiefern des Alten Daches aufgebaut.

Der Wasserschaupfad Umbalfälle beginnt bei der Pebell Alm (1513 m) und führt bis zur Clara Hütte (2038 m). Entlang des Wasserschaupfades können sehr schön die verschiedenen Erosionsformen des fließenden Wassers (Kolke, Strudellöcher etc.) beobachtet werden. Empfehlenswert ist auch eine Wanderung zur Gletscherzunge des Umbalkeeses. Das Umbalkees bedeckt derzeit eine Fläche von rund 5 km^2, das Zungenende liegt in ca. 2400 m Seehöhe. Die Schmelzwässer verlassen den Gletscher in einem Gletschertor, vor der Gletscherzunge hat sich in den letzten Jahren ein kleiner Schmelzwassersee gebildet, der durch einen flachen Felsriegel und Moränenschutt rückgestaut wird. Im Zeitraum von 1979 bis 1987 ist das Umbalkees um 65,5 m zurückgeschmolzen. Der letzte Hochstand wurde um 1850 verzeichnet, damals lag das Zungenende in rund 2100 m Seehöhe, was durch entsprechende Moränenreste markiert ist. Nähere Informationen sind im Naturkundlichen Führer zum Nationalpark Hohe Tauern, Band 6, Wasserschaupfad Umbalfälle enthalten.

Kartenunterlagen: Österr. Karte 1:25.000 V, Blatt 151 Krimml; Alpenvereinskarte 1:25.000, Nr. 36, Venedigergruppe; Geologische Karte der Republik Österreich 1:50.000, Blatt 151, Krimml.

Schlatenkees

Das Schlatenkees zieht vom Gipfel des Großvenedigers (3667 m) nach Osten herunter und endet derzeit in einer Seehöhe von rund 2200 m. Der Weg zum Schlatenkees führt von Innergschlöß den Gschlößbach etwa 1,5 km nach Westen folgend, dann in südlicher Richtung, den Gschlößbach querend, zum Salzbodensee (2137 m). Dabei verläuft der Weg unmittelbar südlich des Gschlößbaches zunächst auf einem markanten Moränenwall des neuzeitlichen Hochstandes (um 1850 reichte das Schlatenkees bis zum Gschlößbach herunter!). Anschließend verläuft der Weg in Migmatitgneisen und Aplitgneisen des Alten Daches. Eindrucksvoll stürzen neben dem Weg die Schmelzwässer des Gletschers in Form eines Wasserfalles zu Tal.

Im Bereich des Salzbodensees sind mehrere Moränenwälle ausgebildet, wobei die äußeren, stärker bewachsenen Moränenwälle älteren Hochständen zuzuordnen sind und der innere, sehr markante und wenig bewachsene Wall vom Hochstand um 1850 stammt.

Am Weg zur Gletscherstirn stößt man nach Überquerung der Moränenwälle auf herrliche Gletscherschliffe mit sichelförmigen Ausbrüchen in aplitisch durchäderten Augengneisen. Im Bereich der Gletscherstirn können die verschiedenen glaziologischen Erscheinungen wie Gletschertor, Gletscherspalten, Moränen, Gletscherschliffe etc. bilderbuchhaft beobachtet werden. Diesbezüglich wird auch auf den Naturkundlichen Führer zum Nationalpark Hohe Tauern, Band 1, Gletscherweg Innergschlöß, verwiesen.

Kartenunterlagen: Alpenvereinskarte 1:25.000, Nr. 36 Venedigergruppe; Geologische Karte der Republik Österreich 1:50.000, Blatt 152, Matrei in Osttirol.

Gletscherweg Pasterze und Pasterzenvorfeld

Von der Franz-Josefs-Höhe (Parkplatz) genießt man bei schönem Wetter einen herrlichen Ausblick auf die Pasterze und die Nordostflanke des Glocknermassivs. Der Bereich um die Franz-Josefs-Höhe, der untere Pasterzenboden und der Großglockner werden von Prasiniten (metamorph überprägte Ozeanbodenbasalte des Penninischen Ozeans) aufgebaut. Der Elisabethfelsen östlich vom Sandersee besteht zum Großteil aus Kalkglimmerschiefern (Bündnerschiefer, ehemalige Tiefseesedimente).

Der Gletscherweg führt zunächst von der Franz-Josefs-Höhe hinunter zum Zungenende der Pasterze. Aufgrund des starken Rückganges zeigt das Zungenende starke Zerfallserscheinungen. Im Zungenbereich sind auch sehr schön Gletscherspalten zu beobachten, die teilweise mit grobkörnigem Sediment aufgefüllt sind. Das Sediment wurde durch die Schmelzwässer in die Spalten transportiert. Im Zungenbereich sind stellenweise die Reste der ehemaligen Stirnmoräne (teilweise mit kleinen Wintermoränenwällen) zu erkennen. Größere Blöcke im Moränenmaterial zeigen mitunter Gletscherschrammen („gekritzte Geschiebe"). Auch der Felsuntergrund wurde stark vom Gletscher überprägt und zeigt zahlreiche Gletscherschliffe, vor allem am Felsriegel unterhalb der Franz-Josefs-Höhe.

Vor der Gletscherzunge der orographisch rechten (südlichen) Talseite erstreckt sich eine Sanderfläche, auf der fluviatile Sedimentationsprozesse stattfinden. Im Sommer kann häufig auch die Entstehung von Toteislöchern sehr schön beobachtet werden.

Die Sanderfläche wird von einem verzweigten Rinnensystem durchflossen, abgelagert werden fluviatile Kiese und Sande. Bis etwa 1995 mündeten im Sommer die sedimentbeladenen Schmelzwässer über ein flaches Delta in den seichten Sandersee, der inzwischen verlandet ist (mit Sediment aufgefüllt wurde).

Die Sanderfläche bietet ein sehr schönes Beispiel für fluviatile Sedimentationsprozesse im Vorfeld eines Gletschers. Die Sedimentationsprozesse werden in hohem Maße von der stark schwankenden Wasserführung des Gletscherbaches beeinflusst und geprägt. Auf der Sanderfläche werden im Sommer große Mengen an Schweb- und Geschiebefracht abgelagert.

Beim Ausfluss des Sandersees können teilweise mächtige Quarzgänge mit Erzspuren (Kupferkies, Pyrit, Malachit) beobachtet werden. Auch Spuren eines mittelalterlichen Goldbergbaues sind zu erkennen, vermutlich handelt es sich hier um die Reste des urkundlich erwähnten Goldbergbaues auf der Pasterze.

Im Bereich der Möllschlucht haben sich die Schmelzwässer schon recht tief in das Gestein eingeschnitten. Am Elisabethfelsen ist wiederum sehr schön die glaziale Überprägung in Form von Gletscherschliffen zu erkennen. Vom Sandersee führt der Weg über den mit zahlreichen Gletscherschliffen überprägten Elisabethfelsen hinunter zum Margaritzenspeicher, über die Staumauer weiter zum Glocknerhaus.

Auch zum „Gletscherweg Pasterze“ (als Ausgangspunkt kann auch das Glocknerhaus oder Pasterzenhaus gewählt werden, der Weg führt dann am Margaritzenspeicher vorbei, über den Elisabethfelsen zum Sandersee und weiter zum Zungenende der Pasterze) gibt es einen empfehlenswerten Führer (Naturkundlicher Führer zum Nationalpark Hohe Tauern, Band 2, Gletscherweg Pasterze).

Kartenunterlagen: Alpenvereinskarte 1:25.000, Nr. 40, Glocknergruppe; Geologische Karte des Glocknergebietes 1:25.000 von Clar und Cornelius; Geologische Karte der Republik Österreich 1:50.000, Blatt 153, Großglockner.

Geo-Trail Tauernfenster

Dieser im Jahr 2000 errichtete Lehrweg liegt nördlich von Heiligenblut und führt von der Bergstation der Seilbahn am Schareck (2604 m) über das Rossköpfl und den Tauernkopf zum Hochtor bzw. in einer weiteren Variante wieder zurück zur Seilbahnstation. Der Weg führt durch Gesteine der Oberen Schieferhülle. Im Bereich Schareck sind Gesteine der Brennkogelfazies aufgeschlossen, anschließend führt der Weg durch die Gesteine der Seidlwinkltrias mit verschiedenen Typen von Marmor, westlich des Rossköpfels sind auch Rauhwacken und Gips aufgeschlossen. Das Rossköpfl wird aus Quarziten und Phylliten der Brennkogelfazies aufgebaut.

Beeindruckend sind die entlang des Weges in den Marmoren auftretenden Karsterscheinungen wie Karren, Dolinen, Schlucklöcher, Karstschächte und Schlote, Karsttrockentäler und Karsthöhlen. Der Naturkundliche Führer „Geo-Trail Tauernfenster“ informiert anschaulich über die 15 Haltepunkte entlang des Lehrweges (Gehzeit 2–3 Stunden).

Unterlagen: Alpenvereinskarte 1:25.000, Nr. 42, Sonnblick; Geologische Karte der Sonnblickgruppe, 1:50.000 von Ch. Exner (1962); Naturkundlicher Führer zum Nationalpark Hohe Tauern, Band 18: Geo-Trail Tauernfenster.

Gößnitztal

Von Winkl-Heiligenblut führt der neu errichtete Weg zunächst über mehrere Kehren zur Bruch Alm. Entlang des Weges sind teilweise sehr schön Kalkglimmerschiefer der Oberen Schieferhülle aufgeschlossen. Von der zweiten Rechtskehre genießt man einen schönen Blick zum Gößnitzfall. Das Gößnitztal ist ein typisches Hängetal und mündet mit einer Steilstufe (rund 300 m Höhenunterschied), die der Gößnitzbach teilweise mit einem Wasserfall überwindet, in das obere Mölltal.

Nach der Bruch Alm wird der Weg flacher und quert zunächst einen Zug von Grünschiefern (Prasinite). Der Weg führt auch an einem

Mittlerer Langtalsee (Gößnitztal), Blick nach westen, im Hintergrund der Großglockner (19.7.1998).

kurzen Stollen vorbei, der offenbar ohne Erfolg auf einen Quarzgang angesetzt wurde. Anschließend durchwandert man auf einem flachen Wegstück die enge Gößnitzklamm. Der Gößnitzbach, der tief unter dem teilweise in den Fels gesprengten Weg rauschend dahinfließt, hat sich tief in die relativ leicht erodierbaren Kalkglimmerschiefer eingeschnitten, teilweise ist die Klamm nur etwa 1 m breit.

Bis zur Außer Eben Alpe sind Kalkglimmerschiefer mit eingeschalteten dunklen Phylliten und Kalkphylliten aufgeschlossen. Zwischen Außer Eben Alpe und Wirtsbauer Alm quert der Weg dunkle, kalkfreie Phyllite und Quarzitschiefer der Matreier Zone.

Gegenüber der Wirtsbauer Alm, oberhalb der Lokalität „Alte Point" sind in einer Seehöhe von ca. 1800–1900 m stark verwachsene Halden des ehemaligen Goldbergbaues Gößnitz zu erkennen. Der Bergbau ging in Chlorit- und Quarzitschiefern der Matreier Zone um. Im Bereich der untersten Halde entspringt dem verfallenen Stollenmundloch ein kleines Bächlein, das für die nahegelegene Alm gefasst wird.

Von der Wirtsbauer Alm nach Süden folgen Altkristallingesteine der Schobergruppe. Bis zur Elberfelder Hütte quert der Weg diverse Glimmerschiefer (häufig Granatglimmerschiefer). Von der Hinterm Holz Alm (2164 m) nach Süden sind entlang des Weges immer wieder vom Gletscher rundgeschliffene Felsrücken, teilweise mit noch deutlich erkennbaren Gletscherschrammen zu beobachten, besonders schön unmittelbar westlich und nordwestlich der Elberfelder Hütte.

Das Gößnitztal ist ein typisches glazial geformtes Trogtal, die Gletscherschliffgrenze lag bei rund 2300–2400 m (auf der östlichen Talseite noch gut erkennbar).

In der Umgebung der Elberfelder Hütte sind neben verschiedenen Glimmerschiefern auch diverse Amphibolite (grobkörnige Amphibolite, Granatamphibolite, Bänderamphibolite) und Gneise anzutreffen. Das gesamte Gesteinsspektrum ist im Bachbett nahe der Elberfelder Hütte in Form schöner Gerölle zu finden.

Auf der Nordseite des Roten Knopf ist ein sehr schöner Hängegletscher ausgebildet. Eindrucksvoll ist auch der Talschluss des Gößnitztales südlich der Elberfelder Hütte mit dem Gößnitz Kees (Kargletscher) und der Wandvereisung in der Nordflanke der Klammer Köpfe. Das Horn Kees östlich der Elberfelder Hütte ist auch ein typischer Kargletscher, der Große Horn Kopf ist ein Beispiel für einen Karling.

Der Rückweg von der Elberfelder Hütte zur Wirtsbauer Alm auf der östlichen Talseite führt an drei herrlichen, typischen Karseen vorbei (Hinterer Langtalsee, Mittlerer Langtalsee und Vordersee). Die Karseen sind in fast ideal geformte Kare eingebettet und zeigen sämtliche Merkmale wie steile Karwände, flache Karböden (von den Karseen eingenommen) und Karschwellen z.T. in Form von Felsriegeln, z.T. in Form von Moränenschutt.

Das Kar oberhalb des Hinteren Langtalsees wird von einem aktiven Blockgletscher eingenommen. Weitere Blockgletscher befinden sich im Tramerkar, im Beilkar oberhalb des Mittleren Langtalsees sowie unmittelbar südlich des Vordersees.

Für diese Wanderung sollten 2 Tage (Übernachtung auf der Elberfelder Hütte) eingeplant werden.

Kartenunterlagen: Alpenvereinskarte 1:25.000, Nr. 41, Schobergruppe.
Der Abschnitt bis zur Wirtsbauer Alm ist auf der Geologischen Karte der Glocknergruppe 1:25.000 (Clar & Cornelius) und der Geologische Karte der Republik Österreich 1:50.000, Blatt 153, Großglockner enthalten, vom Gebiet südlich der Wirtsbauer Alm gibt es bislang keine geologische Karte.

Gradental

Das Gradental verläuft von Putschall im Mölltal in südwestlicher Richtung in die zentrale Schobergruppe bis zum Talschluss mit dem Gradensee, der von zahlreichen Dreitausendern umrahmt wird. Beiderseits des Tales sind Gesteine des Altkristallins in Form von verschiedenen Glimmerschiefern mit eingelagerten Amphiboliten und Gneisen aufgeschlossen. Der Westhang am Talausgang, der Richtung Eggerwiesen hinaufzieht, besteht aus Gesteinen der Matreier Zone.

Das Gradental ist ein klassisches Trogtal, das von den großen eiszeitlichen Gletschern herausgeformt wurde. Von der glazialen Überprägung zeugen auch die zahlreichen Rundhöcker und Gletscherschliffe in der Umgebung der Seen im hinteren Talbereich. Auffallend sind auch zwei ausgeprägte Steilstufen. Hinter der ersten Steilstufe liegt das Gradenmoos, das aus einem verlandeten See entstanden ist. Hinter der zweiten Steilstufe liegt die glazial überprägte Landschaft mit den in den Mulden eingebetteten Seen.

Der Gradensee ist ein typischer Karsee, dessen Becken vom Gletscher herausgeformt wurde. Dieser wunderschöne Hochgebirgssee wird von einer prächtigen Gebirgskulisse umrahmt mit einigen bekannten Gipfeln wie dem Großen Hornkopf im Norden, den Klammerköpfen im Nordwesten und dem höchsten Gipfel der Schobergruppe, dem Petzeck (3283 m) im Osten. Die zahlreichen, ebenfalls von den Gletschern herausgeformten Kare werden teilweise immer noch von kleinen Kargletschern ausgefüllt (Gradenkees, Klammerkees), teilweise sind in den Karen Blockgletscher eingebettet.

Unterlagen: Alpenvereinskarte 1:25.000, Nr. 41, Schobergruppe; Naturkundlicher Führer zum Nationalpark Hohe Tauern, Band 14: Naturführer Gradental.

Seebachtal

Das Seebachtal zieht von Mallnitz bogenförmig zunächst in nordöstlicher und schließlich in östlicher Richtung in die zentrale Hochalmspitzgruppe hinein. Der Talschluss wird von markanten, teils gletscherbedeckten Gipfeln umrahmt: vom Ankogel im Norden, den Celler Spitzen und Jochspitzen, der Hochalmspitze (mit 3360 m der höchste Gipfel dieser Gebirgsgruppe), dem markanten Säuleck und der Maresnspitze im Süden.

Zwischen Mallnitz und dem Stappitzer See sind beiderseits des Tales Glimmerschiefer, Prasinite und Amphibolite des Alten Daches aufgeschlossen. Vom Stappitzer See talaufwärts folgen Zentralgneis mit eingeschalteten Prasiniten und Amphiboliten. Der Gipfel des Ankogel besteht aus Gesteinen des Alten Daches, Hochalmspitze und Säuleck sind dagegen aus Zentralgneis aufgebaut.

Das Seebachtal ist ein klassisches Trogtal mit einem relativ flachen Talboden und steilen Talflanken. Auf 1273 m Seehöhe liegt der Stappitzer See als Rest eines ehemals größeren, inzwischen stark verlandeten, von Schwemmkegeln rückgestauten Sees. Aus Bohrungen ist bekannt, dass das Seebachtal im Bereich des Stappitzer Sees mit über 160 m mächtigen jungen Sedimenten, und zwar überwiegend Seesedimenten, aufgefüllt ist.

Im Talschluss liegt ein kleiner Kargletscher (Winkelkees), der von der Hochalmspitze herunterzieht. Auch in den Karen auf der Nordseite des Säuleck liegen noch kleine Kargletscher. Säuleck und Hochalmspitze sind typische Karlinge – von Kargletschern herausgeformte, pyramidenförmige Gipfel.

Unterlagen: Alpenvereinskarte 1:25.000, Nr. 44, Hochalmspitze-Ankogel; Geologische Karte des Hochalm-Ankogel-Gebietes 1:50.000 von F. Angel und R. Staber (1942); Naturkundlicher Führer zum Nationalpark Hohe Tauern, Band 7: Naturführer Seebachtal.

Blockgletscher Dösener Tal

Das Dösener Tal liegt südlich des Seebachtales, verläuft in östlicher Richtung in die südliche Hochalmspitzgruppe und mündet im Bereich der Rabisch-Schlucht südlich von Mallnitz in den Seebach. Im Bereich des Talausganges sind Gesteine des Alten Daches (Glimmerschiefer, Prasinite, Amphibolite) aufgeschlossen, ab dem Parkplatz folgen Zentralgneis mit eingeschalteten Prasiniten und Amphiboliten. Im Talschluss liegt in einer Karmulde eingebettet der Dösener See. Oberhalb des Dösener Sees, Richtung Mallnitzer Scharte, liegt der 900 m lange Dösener Blockgletscher. Dieser größte aktive Blockgletscher der Hochalmspitzgruppe wurde in den letzten Jahren intensiv untersucht und ist über den Blockgletscherweg Dösener Tal erschlossen. Auf dem Weg vom Parkplatz bis zum „Glocknerblick" informieren 10 Haltepunkte über Naturgefahren, Klimaänderung, Permafrost und Blockgletscher (beschrieben im farbigen Folder „Blockgletscherweg Dösener Tal"). Die Gehzeit beträgt 3–4 Stunden für den Aufstieg.

Unterlagen: Alpenvereinskarte 1:25.000, Nr. 44, Hochalmspitze-Ankogel; Geologische Karte des Hochalm-Ankogel-Gebietes 1:50.000 von F. Angel und R. Staber (1942); Folder „Blockgletscherweg Dösener Tal" herausgegeben vom Nationalpark Hohe Tauern.

Zirknitztal

Die Zirknitztäler liegen auf der Südseite des Sonnblickmassivs und sind von Großkirchheim aus auf einer gut ausgebauten Straße erreichbar.

Vom Parkplatz in ca. 1760 m Seehöhe verläuft der leicht ansteigende Steig in das Große Zirknitztal durchwegs durch den Zentralgneis des Sonnblick-Kernes. Zunächst geht es durch einen lichten Lärchen-Zirbenwald, Bergsturz-Blockwerk mit oft hausgroßen Bergsturzblöcken querend, taleinwärts. Aus dem Bergsturz-Blockwerk entspringen mehrere Quellen mit teils beträchtlicher Schüttung. Der Weg führt weiter zum „Zahlstein", einer großen Felsplatte auf einem gut erhaltenen, bereits stark bewachsenen Endmoränenwall. Unweit des Zahlsteins sind noch Reste des ehemaligen Gold- und Silberbergbaues in Form von Mauerresten, Halden und Stollen erkennbar.

Nördlich des Zahlsteins liegen die ehemaligen Grubenfelder der Milileitn (südwestlich vom Modereck), am Modereck, im Freudental, auf der Grasleitn, am Trömmern, beim Brettsee und die Parzissel Baue. Abgebaut wurden die im Zentralgneis auftretenden, ungefähr Nord-Süd verlaufenden „Goldquarzgänge" mit goldhältigem Pyrit und Kupferkies, gediegen Gold, silberhältigem Bleiglanz und Zinkblende. Auf den Halden kann man noch vereinzelt Erzstücke finden.

Unterlagen: Alpenvereinskarte 1:25.000, Nr. 42, Sonnblick; Geologische Karte der Sonnblickgruppe, 1:50.000 von Ch. Exner (1962); ein Naturführer ist in Vorbereitung.

Kleinelendtal mit Kleinelendkees in der Ankogelgruppe (9.9.2002).

Maltatal – Kleinelendtal – Großelendtal (Elendtäler)

Die Aufschlüsse im Maltatal, Kleinelend- und Großelendtal bieten einen ausgezeichneten Einblick in die Intrusionsabfolge der Granitoide (Zentralgneis) und in das Alte Dach bzw. die Äquivalente der Habachserie.

Empfehlenswert ist die Besichtigung der Aufschlüsse im Steinbruch Koschach (Maltatal), in dem Orthogneise des Gößgrabenkernes („Göß-Granitoid") in Form granodioritischer Augengneise aufgeschlossen sind. Die Gneise werden von zahlreichen pegmatitischen Gängen durchschlagen.

An der Maltatalstraße sind bei der Abzweigung zur Hochbrücke Migmatite (migmatische Plagioklasgneise) des Alten Daches aufgeschlossen, ebenso im Bereich der Straßenkehren bei P. 1365 (migmatische Zweiglimmergneise). Bei der Abzweigung zur Kattowitzer Hütte ist neben der Straße der Maltatonalit aufgeschlossen. Die Aufschlüsse unterhalb des Galgenbichlspeichers zeigen den Intrusionskontakt des Maltatonalites mit den migmatischen Paragneisen.

Im ehemaligen großen Steinbruch etwa 400 m westlich der Kölnbreinsperre (Parkplatz) sowie entlang des Weges bis zur Einmündung des Kleinelendbaches in den Kölnbreinspeicher ist der Kölnbreinleukogranit aufgeschlossen.

In das Kleinelendtal führt zunächst ein Almweg, anschließend ein teils neu errichteter markierter Steig. Das Kleinelendtal ist ein ziemlich unberührtes, landschaftlich wunderschönes, glazial überprägtes Trogtal. Im Bereich der kleinen Steilstufen hat sich der Kleinelendbach mit teilweise schönen Erosionsformen in den Zentralgneis eingeschnitten.

Am Steinkarboden stößt man bei ca. 2100 m Seehöhe auf markante, grasbewachsene Moränenwälle eines vermutlich mittelalterlichen Hochstandes (?1620). Im hinteren Steinkar ist ebenfalls ein flacher, mächtiger Moränenwall erkennbar, der dem Hochstand um 1850 zuzuordnen ist.

Großvenediger mit Obersulzbachkees (23.10.2004).

Knapp vor dem Talschluss mit dem Eisabbruch des Kleinelendkeeses liegen auf der östlichen Talseite schöne Aufschlüsse mit Gesteinen des Alten Daches (diverse Glimmerschiefer, Amphibolite etc.) und granitischen Intrusionen.

Von hier ist der Übergang über die Zwischenelendscharte (Aufschlüsse mit Gesteinen des Alten Daches – Glimmerschiefer, Amphibolite etc. – und granitischen Intrusionen), vorbei an den beiden Schwarzhornseen und dem Pleßnitzsee (bei letzterem Aufschlüsse von Großelendflasergranit und Maltatonalit) zur Osnabrücker Hütte im Großelendtal möglich.

Westlich der Zwischenelendscharte sind als Folge des starken Eisrückganges im Zungenbereich des Kleinelendkeeses zwei kleine Karseen (Eisrandseen) entstanden.

In der Umgebung der Osnabrücker Hütte ist der Hochalmporphyrgranit aufgeschlossen. Die Osnabrücker Hütte bietet einen schönen Ausblick zum Großelendkees mit den noch sehr schön erhaltenen Seitenmoränen und Teilen der Stirnmoräne des letzten Gletscherhochstandes um 1850. Von der Hütte gelangt man wieder zurück zur Kölnbreinsperre. Hochalpine Tour, gute Kondition ist Voraussetzung!

Unterlagen: Exkursionsführer zur 7. Jahrestagung der Österr. Geol. Gesellschaft 1988 (Exkursion Hohe Tauern von V. Höck und R. Marschallinger); Naturkundlicher Führer zum Nationalpark Hohe Tauern, Band 19, Elendtäler; Alpenvereinskarte 1:25.000, Nr. 44 Hochalmspitze-Ankogel; Geologische Karte des Hochalm-Ankogel-Gebietes 1:50.000 (F. Angel & R. Staber).

10 Lehrwege

In den letzten Jahren wurden im Nationalpark Hohe Tauern eine Reihe von Lehrwegen mit Informationen über Geologie, Mineralogie, Bergbau und Gletscherkunde errichtet, die im Folgenden kurz aufgelistet werden:

Kärnten

▶ Gletscherweg Pasterze

Begehbar von Mitte Juni bis Ende September, führt vom Glocknerhaus zur Franz-Josefs-Höhe. Anfang Juli 1993 wurden 7 Schautafeln aufgestellt, die den naturkundlichen Führer „Gletscherweg Pasterze" ergänzen und neben allgemeinen Informationen über den Nationalpark Hohe Tauern auch über Gletschermessungen, Gletscherrückgang seit 1850, Gletscherweg Pasterze und den Pasterzenbaumfund, der mit 6000 bis 9000 Jahren vor heute datiert werden konnte (damals war der Bereich der Pasterze eisfrei!), informieren (siehe auch Wandervorschläge).

▶ Naturlehrweg Koschach

Der Naturlehrweg Koschach im Maltatal (Gemeinde Malta) enthält 2 Schautafeln mit Informationen über die geologische Tätigkeit der Gletscher (Gletscherschliff Koschach).

▶ Weitere Lehrwege

Geotrail Tauernfenster (siehe Wandervorschläge)
Rundweg Elendtäler (s. Wandervorschläge)
Blockgletscherweg Dösener Tal (siehe Wandervorschläge)
Gamsgrubenweg (Informationstafel)
Naturlehrweg Gradental (s. Wandervorschläge)
Naturlehrweg Seebachtal (s. Wandervorschläge)
Naturlehrweg Malteiner Wasserspiele (Naturkundlicher Führer)

Salzburg

▶ Naturkundlicher Lehrweg im Umfeld des Rotgüldensees

Dieser im Murtal (Gemeinde Muhr) gelegene Lehrweg bietet unter anderem Informationen über den ehemaligen Arsen-, Gold- und Silberbergbau von Rotgülden.

▶ Tauerngold-Rundwanderweg und Gletscherschaupfad Rauris-Kolm Saigurn

Dieser Rundwanderweg wurde in den Jahren 1980 bis 1985 von Jugendlichen der Naturfreunde Österreich errichtet, ist 7 km lang, verläuft eben mit einigen kleinen Anstiegen und ist bei Schneefreiheit auch für Kinder gefahrlos zu begehen (ca. 3 Stunden). Der Rundwanderweg beginnt beim Naturfreundehaus Neubau (2175 m). Neben der Hütte befindet sich eine Panoramatafel mit wichtigen Hinweisen.

Am Kälberriegel (2161 m) steht das Radhaus (ehemalige Bergstation des 1500 m langen, von Kolm Saigurn heraufführenden Schrägaufzuges). Im Bereich des Obermayer-Felsens (2275 m), der um 1850 noch vom Gletscher bedeckt war und erst zwischen 1888 und 1895 eisfrei wurde, informieren Schautafeln über die Eisstände des 20. Jahrhunderts. Vorbei an weiteren Schautafeln gelangt man zum Zungenende des Goldberggletschers. Das Knappenhaus auf 2339 m diente den Knappen des ehemaligen Goldbergbaues als Wohn-, Schlaf- und Wirtschaftsgebäude. Der Weg führt weiter zum Bremserhäusl (2331 m), der obersten Stelle des Schrägaufzuges, der 1831 bis 1833 für den Transport der Erze und der Versorgungsgüter für den Bergbau errichtet wurde. Von hier führt der Weg zurück zum Naturfreundehaus Neubau. Für diesen Rundwanderweg ist auch eine Broschüre erhältlich.

▶ Tauerngold-Erlebnisweg in Rauris – „Führer zu den historischen Goldbergbauen"

Der Tauerngold-Erlebnisweg wurde im Rahmen einer Initiative von Manfred Schwarzenberger, Naturfreunde Ortsgruppe Rauris und unter der wissenschaftlichen Leitung von Ing.-Konsulent Dr. Gerhard Feitzinger aus St. Gilgen im Jahre 2002 umgesetzt.

Dieser Tauerngold-Erlebnisweg verläuft in der hochalpinen Region und führt vom Schutzhaus Neubau zu längst verlassenen Knappenhäusern, Stollen und Halden. Bei 7 Haltepunkten und Stationen erfährt man Wissenswertes über die Bergbautechnik vergangener Jahrhunderte, die Entstehung der Gold- und Silbererze und allgemein über die Gesteine des Sonnblickgebietes.

▶ Großglockner Hochalpenstraße

Beim „Wilfried-Haslauer-Haus" am Obernaßfeld unmittelbar an der Glocknerstraße befindet sich eine Informatiosstelle mit Schautafeln über die Gesteine der Hohen Tauern und deren Entstehung und einem geologischen Panorama des Inneren Fuschertales (Ferleitentales).

▶ Die Informationsstelle **„Elendgrube"** lag früher am Fuße des Brennkogels an der Glocknerstraße, zwischen Mittertörl und Hochtor, wurde aber in die Nähe der Fuscherlacke verlegt (Parkplatz an der Glocknerstraße). Ausgestellt sind die wichtigsten Gesteine der Hohen Tauern (Gesteinsbestimmungsquiz).

▶ Geologischer Pfad im Habachtal

Der Lehrweg erstreckt sich von der „Klause" bis zur „Moar Alm" und ist in 3 Teile gegliedert. In der Schauhütte neben der Straße zum Gasthaus Klause wird auf reich illustrierten Schautafeln die Entwicklungsgeschichte der Hohen Tauern und des Tauernfensters dargestellt. Der erste Wegabschnitt führt zu einem Steingarten mit den wichtigsten Gesteinen des Habachtales. Auf 7 Schautafeln wird deren Entstehungsgeschichte erläutert. Entlang der Forststraße bis zur Moar Alm wird schließlich auf 5 weiteren Schautafeln die Geologie des Habachtales dargestellt (reine Gehzeit ca. 2,5 Stunden). Zu diesem Lehrweg gibt es auch eine kurze Broschüre.

▶ GeoLehrweg Knappenweg Untersulzbachtal

Ausgangspunkt für den Geolehrweg Knappenweg ist der Samerhofstall in Neukirchen am Großvenediger. Dieses Gebäude aus dem 16. Jahrhundert ist gleichzeitig eine Nationalpark-Informationsstelle und beherbergt eine kleine Ausstellung über die Mineralogie und Geologie der Epidotfundstelle Knappenwand und der Kupferlagerstätte Hochfeld.

Der Geolehrweg selbst beginnt bei der Einödbrücke, führt von dort entlang der Forststraße zum Plattkreuz in ca. 1010 m Seehöhe und nach etwa 4 km, bei ca. 1065 m Seehöhe, gelangt man zur Abzweigung des „Epidotsteiges", der über mehrere Serpentinen zur in ca. 1285 m Seehöhe gelegenen Mineralfundstelle „Epidot-Stollen" am Fuße der Knappenwand führt. Bei ca. 1210 m Seehöhe führt der Steig beim „Blauwandl-Unterbaustollen" vorbei, einem kurzen Schurfstollen des alten Kupferbergbaureviers Hochfeld.

Die Epidotfundstelle umfasst die Knappenwandhütte, den „Epidot-Stollen" (Abb. 218) und den „Blauwand-Stollen". Die Knappenwandhütte mit der Materialseilbahn, auch die Steiganlage, wurde vorwiegend in den Jahren 1978/79 errichtet. In der Hütte wird eine Informationsstelle über die Geschichte, Geologie und Mineralogie der Fundstelle eingerichtet.

Der „Epidot-Stollen" führt ca. 35 m tief in den Fels hinein, ist 10–15 m hoch, 8–10 m breit. Zu sehen sind „Alpine Zerrklüfte" im Epidotamphibolit der Habachformation, aus denen die verschiedenen alpinen Kluftminerale, vor allem die Epidote, stammen.

Das Mundloch des 83 m langen „Blauwand-Stollens" liegt in 1260 m Seehöhe. In diesem zum ehemaligen Kupferbergbau Hochfeld gehörenden Stollen können Vererzungen, Nebengestein, Abbau- und Fördermethoden besichtigt werden.

Über den „Epidotsteig" gelangt man wieder hinunter auf die Forststraße, der man taleinwärts

Abb. 218: Der Epidot-Stollen in der Knappenwand, Untersulzbachtal (Johann Lerch).

folgt. Nach ca. 200 m zweigt rechter Hand der „Alte Knappensteig" ab, der zur ehemaligen Bergbausiedlung am Talgrund des Untersulzbaches führt. Von den ursprünglich 15 Gebäuden (Unterkünfte, Werkstätten) sind meist nur noch die Mauerreste erhalten, die „Bergschmiede" und die Kochstube wurden nach alten Plänen restauriert und wiederaufgebaut. Nach etwa 50 m bachauf erreicht man den Martinsteig (Seilbrücke über den Untersulzbach), der zum „Martinstollen" und dem Abendrevier hinüberführt. Der Hauptstollen ist auf ca. 500 m befahrbar, entlang der Strecke können die für diesen Bergbau typisch gewesenen Abbau- und Fördermethoden studiert werden.

In ca. 1050 m Seehöhe, etwa 220 m unterhalb des „Epidot-Stollens", liegt das Mundloch des „Hieronymus-Erbstollens" der Grube Hochfeld, der ebenfalls wieder befahrbar ist und einen ausgezeichneten Einblick in die Gesteine der Habachserie bietet.

Vom Hochfeld führt der Rundwanderweg schließlich wieder talauswärts. Eine ausführliche und reich bebilderte, empfehlenswerte Beschreibung dieses Geolehrweges ist im Band 10 der OeAV-Reihe „Naturkundliche Führer zum Nationalpark Hohe Tauern" (GeoLehrweg Knappenweg Untersulzbachtal) enthalten.

▶ Weitere Lehrwege

Wasserfallweg „Krimmler Wasserfälle"
Gletscherweg Obersulzbachtal (siehe Wandervorschläge)
Gletscherweg Stubachtal
Bachlehrweg Hollersbach mit einer Informationstafel über die Gesteine des Hollersbaches
Naturlehrweg Hintersee (Felbertal/Mittersill) mit 2 Informationstafeln über die Geologie und Geomorphologie des Bereiches um den Hintersee.

▶ Lehrwege Region Ost

Naturkundlicher Lehrweg Rotgülden in Muhr
Muhrer Steppenhang in Muhr
Naturkundlicher Lehrweg Schödertal in Hüttschlag
Biotoplehrweg in Hüttschlag
Naturschauweg Naßfeld in Bad Gastein
Kulturwanderweg Römerstraßen in Bad Gastein
Naturlehrweg Rauriser Urwald in Rauris
Tauerngolderlebnisweg in Rauris
Tauerngoldrundwanderweg und Gletscherschaupfad Sonnblick in Rauris
Besuchereinrichtungen entlang der Großglockner Hochalpenstraße in Fusch
Naturkundlicher Lehrweg im Bereich der Sigmund-Thun-Klamm in Kaprun

Osttirol

▶ Geo-morphologischer Lehrweg – Landschaften um die Glorerhütte am Bergertörl (Kals).

Dieser Lehrweg mit 20 Haltestationen wurde von der DAV-Sektion Eichstätt im Jahre 2004 eingerichtet. In einer handlichen Begleitbroschüre aus der Serie „Naturkundliche Führer zum Nationalpark Hohe Tauern“ werden die geologischen Besonderheiten der Umgebung entlang der Aufstiegsroute zum Bergertörl (2642 m) und weiter zur Salmhütte verständlich beschrieben. Aufschlüsse durch langzeitige Untersuchungen vermitteln Eindruck über die Formung der Landschaft durch exogene Prozesse. Der auf eine Tageswanderung ausgelegte Lehrweg ist in den Sommermonaten begehbar und auch für Familien geeignet.

▶ Glocknerspur – BergeDenken im Ködnitztal, Kals

Am mühelosen Rundgang mit mehreren Informationsstationen werden dem Besucher auch interessante Details zur Gebirgsbildung und dem geologischen Aufbau der Glocknergruppe aufgezeigt. Die rund 2 km lange Erlebniswanderung beginnt am Parkplatz (1.950 m) der Kalser Glocknerstraße.

▶ Natur- und Kulturlehrweg Debanttal

Dieser Lehrweg vom Parkplatz Seichenbrunn entlang der Talsohle des Debanttales bis hin zur Lienzerhütte (1.974 m) beschreibt auf zwei Pulttafeln schematisch den geologischen Aufbau der Schobergruppe. Eine ideale Tagesroute für Familien.

▶ Weitere Lehrwege

Gletscherweg Innergschlöß–Schlatenkees (siehe Wandervorschläge)
Wasserschaupfad Umbalfälle (siehe Wandervorschläge)
Natur- und Kulturlehrweg Innerstes Defreggental

11 Museen, Informationsstellen, Schaubergwerke und historische Bergbaustätten

▶ Böcksteiner Montanmuseum Hohe Tauern

im „Salzstadel“, Karl Imhofring 10, Böckstein, 5640 Badgastein (Salzburg).
Geöffnet Juli–August von 10–12 und von 15.30–18 Uhr oder nach Vereinbarung.
Das Museum bietet einen interessanten Überblick über den Edelmetallbergbau in den Hohen Tauern (besonders des Gasteiner Tales), über die Aufbereitung der gewonnenen Erze (mit Edelmetallerzaufbereitungsanlage) sowie über das Alltagsleben und die Kultur der Knappen.

▶ Schaubergwerk Hochfeld, Untersulzbachtal (siehe Geolehrweg Knappenweg)

5741 Neukirchen am Großvenediger
Geöffnet von Mai bis Oktober. Führungen für Gruppen ab 6 Personen sind jederzeit möglich, Anmeldung erforderlich. Taxitransport zum Bergwerk möglich (Anmeldung erforderlich).
Auskunft: www.schaubergwerk-hochfeld.at, www.neukirchen.at, www.hohetauern.at

▶ Heimatmuseum Bramberg

5733 Bramberg (Salzburg)
Geöffnet 16. Juni bis Ende September täglich von 10–18 Uhr, vom 1. Mai bis 15. Juni und im Oktober wochentags von 15–17 Uhr, an Sonn- und Feiertagen von 10–12 Uhr.
Ausstellung über die Geologie sowie über Gesteine und Mineralien aus den Hohen Tauern. Das Heimatmuseum Bramberg beherbergt eine der bedeutendsten Mineraliensammlungen aus den Hohen Tauern mit bemerkenswerten Stufen von Smaragd aus dem Habachtal, wunderschönen Epidotstufen aus dem Untersulzbachtal, einer rund 300 kg schweren Periklin-Adular-Stufe aus dem Gebiet der Kessel-Alm im Habachtal oder einem 203 kg schweren Rauchquarz aus dem Sattelkar im Obersulzbachtal und anderen mineralogischen Attraktionen. Jährlich werden Sonderausstellungen zu bestimmten Themen gezeigt, unter anderem wurden in den letzten Jahren bereits Berylliumminerale, alpine Quarze, österreichische Fluoritvorkommen oder Mineralien aus dem Habachtal vorgestellt.

▶ Nationalparkhaus „Alte Schmelz“

9843 Großkirchheim, Döllach 14, Kärnten, Tel. 04825/6161, (Sitz der Nationalparkverwaltung Kärnten und Informationszentrum für die Nationalparkregion Oberes Mölltal).
Geöffnet auf Anfrage.
Ausstellung über Geologie, Gesteine und Gletscher der Hohen Tauern.

▶ Bergrestaurant Hotel Malta

Kölnbreinsperre im Maltatal (Kärnten).
Geöffnet: Mai bis Oktober, täglich. Sehenswerte Ausstellung im Panoramaturm mit prachtvollen Mineralien und Kristallstufen sowie Gesteinen aus den Hohen Tauern, v.a. aus der Ankogel – Hochalmspitzgruppe („Tauernschatzkammer“). Information über die Geologie der Hohen Tauern sowie über die Kraftwerksgruppe Maltatal. Darstellung von Auswirkungen des Klimawandels auf das Hochgebirge (z. B. Gletscherschwund).

▶ Arsenik-Schauhütte Pöllatal

gegenüber Gasthaus Schoberblick, Gemeinde 9863 Rennweg (Kärnten).
Ganzjährig frei zugänglich, im Winter jedoch nicht erreichbar.
Diese 1974 errichtete Arsenik-Schauhütte vermittelt anhand von Bildmontagen, Zeichnungen, Plänen und einer Arsenmühle die Geschichte des bis 1880 aktiven Arsenkiesbergbaues im Lanischgebiet und der Verarbeitung der Arsenerze zu Arsenik.

▶ Museum für Volkskultur in Spittal an der Drau

im Schloss Porcia, 9800 Spittal/Drau (Kärnten). **Geöffnet:** 15. Mai bis 31. Oktober täglich von 9–18 Uhr; 1. November bis 14. Mai Mo.–Do. von 13–16 Uhr. In der Abteilung Bergbau werden u.a. Original-Geräte ausgestellt, die den Gold-, Arsen- und Granatbergbau in Oberkärnten dokumentieren.

▶ Lungauer Landschaftsmuseum

Burg Mauterndorf, 5570 Mauterndorf 28, Lungau (Salzburg).
Geöffnet Mai–September, Montag, Mittwoch, Donnerstag und Samstag von 10–12 und von 15–17 Uhr.
Gezeigt werden unter anderem Mineralien des Lungaues.

▶ Gasteiner Museum

Haus Austria, 5640 Badgastein, Kaiser-Franz-Josef-Straße 1 (Salzburg).
Geöffnet täglich von 10.30–12 und von 15.30–18 Uhr, vom 1. Oktober bis 26. Dezember nur mittwochnachmittags. Ausstellung zur Bergbaugeschichte und Mineralogie der Umgebung von Badgastein.

▶ Rauriser Talmuseum

im Heimathaus, 5661 Rauris (Salzburg). Geöffnet täglich von 10–12 und von 16–18 Uhr (außer donnerstags).
Gezeigt werden Exponate über den ehemaligen Edelmetallbergbau in den Hohen Tauern (v. a. im Rauriser Tal, Sonnblickgebiet) sowie Mineralien des Rauriser Tales.

▶ Nationalparkhaus Uttendorf

am Uttendorfer Badesee, 5723 Uttendorf im Pinzgau, Salzburg Nationalpark-Informationsstelle).
Während der Saison wochentags geöffnet.
Ausstellung über Gletscher und Mineralien des Stubachtales.

▶ Felberturm mit Nationalparkmuseum

5730 Mittersill (Salzburg).
Geöffnet: Mai und Oktober – Samstag, Sonntag und Feiertage 13 bis 17 Uhr, Juni bis September täglich, Montag bis Freitag von 10 bis 17 Uhr, Samstag und Sonntag von 13 bis 17 Uhr. Ausstellung über Mineralien und den ehemaligen Goldbergbau in den Hohen Tauern.

▶ Heimatmuseum Matrei in Osttirol

Gemeinde 9971 Matrei in Osttirol, mit der umfangreichsten Mineraliensammlung Osttirols mit ca. 520, teilweise beeindruckenden Mineralstufen, die ausschließlich aus den Hohen Tauern stammen. Der Sammler Tobias Trost veranstaltet auch Führungen. Weiters sind auch verschiedene Exponate aus dem historischen Bergbau ausgestellt.

▶ Haus des Wassers

in St. Jakob in Defereggen. Das im Jahre 2003 errichtete Schulzentrum mit Freilandlabor dient der forschenden Jugend Europas. Drei- bis fünftägiger Projekunterricht mit erlebnisorientierten Schwerpunkten rund um das Element Wasser wird dort angeboten.

▶ Heimatmuseum in Oberbichl/Prägraten

Gemeinde 9974 Prägraten, Osttirol. Gezeigt werden u.a. ein alter Schmelzofen und Erze vom ehemaligen Bergbau Sajat.

▶ Heimatmuseum Kals

Gemeinde 9981 Kals am Großglockner, Osttirol, mit Mineralien aus den Hohen Tauern, besonders aus der Umgebung von Kals.

▶ Glocknerhaus Kals

Alpinismus, Natur, Großglockner

▶ Nationalparkhaus Matrei in Osttirol

Ausstellung „Tauernwelten“

Weitere Ausstellungen in nachstehenden Informationsstellen des Nationalparks Hohe Tauern

▶ Samerhofstall Neukirchen

Mineral- und Erz-Ausstellung über die Knappenwand und den historischen Kupferbergbau Hochfeld im Untersulzbachtal.

▶ Zimmererhütte in Kolm Saigurn, Rauris

Geöffnet während der Sommersaison täglich von ca. 10 bis 16 Uhr.

▶ Nationalpark – Informationsstelle Talwirt, Hüttschlag

Täglich geöffnet (ausgenommen Ruhezeiten des Gastbetriebes).

Informationseinrichtungen entlang der Großglockner Hochalpenstraße und „Wilfried-Haslauer-Haus" in Fusch.
Weitere Informationen unter www.hohetauern.at

Schaubergwerke und historische Bergbaustätten

▶ Goldgräberdorf Alter Pocher

Im Kleinen Fleißtal oberhalb von Heiligenblut wurde neben den Mauerresten der alten Erzaufbereitungsanlage, in der im Mittelalter die Gold und Silbererze der Goldzeche aufbereitet wurden, ein Goldgräberdorf nachgebaut, in dem die damaligen Aufbereitungsmethoden besichtigt werden können. Schatzsucher können unter Anleitung selbst nach Gold waschen. Informationen im Tourismusbüro in Heiligenblut. Geöffnet von Ende Mai/Anfang Juni bis Ende Oktober täglich von 10 bis 18 Uhr.

▶ Knappenloch „Josephistollen"

9843 Großkirchheim. Das sogenannte „Knappenloch" liegt nordöstlich von Döllach im Mölltal am südwestlichen Abhang der Göritzer Alm zwischen den Ortschaften Göritz und Zirknitz und ist von Döllach über einen Forstweg in Richtung Göritzer Alm und dann über einen etwa 50 m langen, mit Stufen versehenen Steig erreichbar und frei zugänglich (nicht beleuchtet!). Es handelt sich um einen ehemaligen Schurfstollen, der einem Quarzgang im Kalkglimmerschiefer auf einer Länge von ca. 65 m folgt. Die letzte Bergbautätigkeit (Suche nach Gold und Silber) dürfte Anfang/Mitte des vorletzten Jahrhunderts durchgeführt worden sein.

▶ Knappenweg Untersulzbachtal

5741 Neukirchen am Großvenediger, Salzburg (Auskunft über Führungen beim Fremdenverkehrsbüro).

▶ Wolframbergbau

5730 Mittersill-Felbertal, Salzburg ist wieder ein aktiver Bergbaubetrieb (derzeit keine Besichtigungsmöglichkeit!).

▶ Kleinweiler Schellgaden

Gemeinde 5583 Muhr, Salzburg, historisches Bergbaugebäude Schönberger Haus (ehemalige Knappenunterkunft) sowie Reste eines Pulverturmes und Ruinen des Pochwerkes und Waschhauses.

▶ Knappenhaus im Frosnitztal

Gemeinde 9971 Matrei in Osttirol. Restaurierte Ruine in 2500 m Seehöhe, Gehzeit ab Ortsteil Gruben ca. 3–4 Stunden.

▶ Alte Bergbaustollen

Gemeinde 9981 Kals am Großglockner, Osttirol. Bergbaustollen „Ganotz", erschlossen, beleuchtet, in 2300 m Seehöhe, Gehzeit 45 min. ab Bergstation Glocknerblickbahn. Bergbaustollen „Fallwindes", erschlossen, beleuchtet, oberhalb des Ortsteiles Lesach, Gehzeit etwa 45 min.

▶ Bergbauruinen

Gemeinde 9963 St. Jakob in Defereggen, Osttirol. Ruinen von Knappenhäusern und Erzaufbereitungsanlage „Blindis" im Trojer Almtal, vom Ortsteil Hirbe in ca. 3 Stunden erreichbar, Führungen möglich, Informationshäuschen. Zahlreiche alte Stollen und Gruben in der Umgebung, jedoch nicht erschlossen.

Hochalmspitze in der Abendsonne (9.9.2002).

▶ Alter Bergbaustollen „Silbergrube"

Gemeinde 9972 Virgen, Osttirol. Begehbarer, beleuchteter alter Stollen, eine Erläuterungstafel. Vom Ortsteil Mitteldorf in ca. 15 min. erreichbar.

▶ Fluoritschaustollen

5742 Wald im Pinzgau, Salzburg (nur mit Führung, Auskunft beim Fremdenverkehrsbüro).

▶ Rotewurze-Stollen

in 9974 Prägraten/Hinterbichl im Dorfertal unterhalb der Johannishütte (Osttirol): Alter Stollen für Besucher zugänglich gemacht (Ausläufer des Bolachlagers), von Hinterbichl zu Fuß in 2 Stunden oder mit dem Hüttentaxi der Johannishütte erreichbar.

▶ Schaubergwerk Hofergraben

in 9961 Hopfgarten in Defereggen (Osttirol): Stollen mit Solarstrombeleuchtung und schriftlichen Erläuterungen für Besucher erschlossen.

▶ Schaustollen Fallwindes

In 9981 Kals am Großglockner. Stollen mit Solarbeleuchtung und Erläuterungen.

12 Erklärung einiger wichtiger im Text verwendeter geologischer Begriffe

alpidisch, alpidische Gebirgsbildung, alpidische Faltungsära: Bezeichnung für den Zeitabschnitt und die Gebirgsbildungsprozesse, die zur Entstehung der jüngsten Falten- und Deckengebirge der Erde – Alpen, Karpaten, Kaukasus, Himalaya etc. – geführt haben (mittlere Trias bis heute).

Altpaläozoikum: der ältere Zeitabschnitt des Paläozoikums (Erdaltertums), umfasst den Abschnitt Kambrium bis Devon (ca. 570–360 Mill. J.).

Aplit: helles, feinkörniges Ganggestein, fast ausschließlich aus Quarz und Feldspat bestehend.

Barre: Kies-, Sandbank in einem Flussbett.

Belemniten („Donnerkeile"): Gruppe von Kopffüßern (Cephalopoden) mit innerem kalkigem Gerüst, die im Jura und in der Kreide gelebt haben.

Bruchtektonik: bruchhafte Deformation der Erdkruste, hervorgerufen meist durch Dehnung. Dabei entstehen steile Störungen und Verwerfungen, einzelne Schollen sinken ab, es entsteht ein Grabenbruchsystem aus Horsten und Gräben.

Crinoiden (Seelilien): Klasse der Stachelhäuter (Echinodermata), meist am Meeresboden mittels gegliedertem Stiel festgewachsen, teilweise auch freischwimmend, mit regelmäßig angeordneten Kelchplatten und beweglichen Armen.

Decke (tektonische Decke): Bezeichnung für eine großräumige, plattenförmige, tektonische Gesteinseinheit, die auf einer fremden Unterlage liegt und entlang einer flachen Überschiebungsbahn um einige Kilometer verfrachtet wurde.

Deckengebirge: ein überwiegend aus übereinander gestapelten tektonischen Decken aufgebautes Gebirge.

Erosion: abtragende Tätigkeit des fließenden Wassers, die zu einer Vertiefung (Tiefenerosion) und/oder Verbreiterung (Seitenerosion) des Flussbettes führt. Abtragung durch Gletscher bezeichnet man als Glazialerosion, Erosion durch den Wind wird auch als Korrasion bezeichnet.

evaporitisch, Evaporite: Entstehung von Sedimentgesteinen durch Eindampfen und Verdunstung von Lösungen (z. B. Salz- oder Gipsausfällung aus dem Meerwasser).

Faltendecke: Decke, die aus einer Falte durch Durchscherung des Faltenschenkels (Mittelschenkel) entstanden ist.

Faltengebirge: Gebirge mit einem ausgeprägten Faltenbau. Während der Gebirgsbildung sind die Gesteine zu verschiedenen Faltenstrukturen eingeengt worden.

Fazies: Gesamtheit aller Merkmale (Zusammensetzung, Strukturen, Fossilinhalt etc.) einer Sedimentabfolge, die auf bestimmte Umweltbedingungen während der Sedimentation hinweisen (z. B. Deltafazies, Riff-Fazies, lakustrine Fazies).

fluviatil: durch fließendes Wasser transportiert und abgelagert.

Flysch: klastische Tiefseesedimente (hpts. Turbidite), entstanden an einem aktiven Kontinentalrand im Bereich einer Subduktionszone.

Gang: Spaltenfüllung in Festgesteinen, entstanden durch Auskristallisation von Mineralien aus Lösungen (z. B. Erzgänge, Quarzgänge, „alpine Klüfte"), oder aus eingedrungenen und in der Spalte erstarrten magmatischen Schmelzen.

Gebirgsbildung (Orogenese): Bezeichnung für tektonische, durch endogene Kräfte ausgelöste Prozesse, die zur Entstehung eines Falten- oder Deckengebirges führen. Gebirgsbildung findet an konvergierenden Plattengrenzen (Subduktionszonen), an denen zwei Platten aufeinander stoßen, statt.

Geosynklinale: Bezeichnung für relativ schmale, langgezogene Meereströge, in die vom benachbarten Festland der Abtragungsschutt transportiert und abgelagert wird.

Geschiebefracht: vom fließenden Wasser im Flussbett rollend oder hüpfend transportierte Komponenten. Auch vom Eis transportierte Gerölle werden als Geschiebe bezeichnet.

gradiert, gradierte Schichtung, Gradierung: Innerhalb einer Schicht nimmt von unten nach oben die Korngröße kontinuierlich ab (normale Gradierung) oder zu (inverse Gradierung); häufig in Turbiditen.

Härtling: Einzelberg, der aufgrund seiner Widerstandsfähigkeit gegenüber Verwitterung und Abtragung über seine Umgebung herausragt.

Hornsteinknollenkalk: knollig ausgebildeter Kalk mit bis zu mehrere cm großen Kieselsäurekonkretionen (Hornsteinkonkretionen). Die Kieselsäure stammt meist von kieseligen Radiolariengehäusen oder kieseligen Schwammnadeln, die nach der Ablagerung zu Konkretionen sammelkristallisieren. Hornsteinknollenkalke entstehen in größerer Wassertiefe.

Inselberg (Zeugenberg): ein durch Erosionsprozesse abgetrennter Einzelberg als Rest einer ehemals ausgedehnten Sedimentabfolge.

Jungpaläozoikum: der jüngere Zeitabschnitt des Paläozoikums (Erdaltertums), umfasst den Zeitabschnitt Karbon–Perm (ca. 360–245 Mill. Jahre).

kaledonisch, kaledonische Gebirgsbildung (Faltungsära): Bezeichnung für Gebirgsbildungsprozesse, die im Zeitabschnitt Ordovizium bis Unterdevon zur Entstehung des kaledonischen Gebirges geführt haben (z.B. Norwegen, Nordengland, Schottland Irland).

Mikrofossilien: Reste kleiner Organismen wie Radiolarien, Foraminiferen, Schwammnadeln, Sporen usw., für deren Untersuchung man stärkere Vergrößerungen benötigt (etwa 0,1 bis einige mm groß). Noch kleinere Fossilien werden als Nannofossilien bezeichnet (z. B. Acritarchen).

Kersantit: feinkörniges, dunkles Ganggestein, aus Plagioklas und Biotit.

lakustrin (limnisch): in einem See abgelagert oder entstanden.

nival: Klimabereich, in dem der Niederschlag überwiegend in fester Form (Schnee) fällt (Hochgebirge, Polbereiche).

Ophiolith: fossile ozeanische Kruste, die durch plattentektonische Prozesse auf den Kontinent verfrachtet wurde und eine charakteristische Abfolge von genetisch miteinander verwandten Gesteinen darstellt: ultramafische Gesteine an der Basis, überlagert vom Kumulat Komplex, darüber der Sheeted Dike Komplex, darüber Pillow-Basalte, die von geringmächtigen Tiefseesedimenten (Radiolarit) überlagert werden.

Pegmatit: sehr grobkörniges, helles Ganggestein, das häufig neben Quarz und Feldspäten auch Minerale mit seltenen Elementen wie Lithium, Cäsium, Rubidium, Beryllium, Bor, Zirkonium, Seltene Erden, Thorium, Uran etc. enthält (z. B. Spodumen, Turmalin).

periglazial: auf die Umgebung des Gletschereises oder Permafrostes bezogen.

Permafrost: Dauerfrostboden.

Pillow-Basalt: kissenförmige erstarrte Lava („Kissenlava"). Im Bereich der mittelozeanischen Rücken fließen relativ dünnflüssige basaltische Laven aus, die sofort vom kühlen Meerwasser abgeschreckt werden. Dabei entstehen kissenförmige Schmelzwülste, die sich sofort mit einer glasigen Rinde überziehen.

Pluton: Bezeichnung für Tiefengesteinskörper von oft großem Ausmaß, die aus aufsteigenden Gesteinsschmelzen innerhalb der Erdkruste erstarrt sind.

polymikt: Bezeichnung für ein bunt, d.h. aus verschiedenen Gerölltypen zusammengesetztes, grobkörniges Sediment (polymiktes Konglomerat, polymikte Breccie).

Prallhang: steiles, an der Außenseite einer Flusskrümmung liegendes Ufer, gekennzeichnet durch starke Seitenerosion. An der Innenseite liegt der Gleithang, charakterisiert durch Sedimentanlagerung.

Radiolarien: einzellige, überwiegend planktonisch lebende marine Organismen („Strahlentierchen"), die kugelige, scheibenförmige oder mützenförmige Skelette aus Kieselsäure bauen. Größe liegt meist zwischen 0,1 und 0,5 mm, selten bis 4 mm.

Rauhwacke: zellig-löchrige Karbonatgesteine, deren Hohlräume durch Herauslösen von leicht löslichen, evaporitischen Mineralphasen (z. B. Steinsalz) entstanden sind.

Rippeln (Rippelmarken): wellenförmige Sedimentstrukturen in meist sandigen Ablagerungen, entstanden durch fließendes Wasser, Wellenbewegung oder Wind (Strömungsrippeln, Wellenrippeln, Windrippeln).

Schwammnadeln: kieselige Skelettelemente von Schwämmen (Poriferen) (ein Stamm der wirbellosen Tiere).

Schieferung: engständiges Parallelgefüge in Gesteinen, entstanden meist unter hohen Druck- und erhöhten Temperaturbedingungen (z. B. während der Metamorphose), durch Entstehung zahlreicher parallel zueinander verlaufender Scherflächen oder Einregelung von Glimmermineralen („Glimmerschiefer").

Schwebfracht (Suspensionsfracht): vom fließenden Wasser schwebend (in Suspension) transportierte feine Sedimentpartikel (z.B. Gletschertrübe).

Seitenerosion: siehe Erosion

Sheeted Dike Komplex (Gang-in-Gang-Komplex): Abschnitt innerhalb der ozeanischen Kruste unterhalb der Pillow-Basalte, bestehend aus senkrechten Basaltgängen (Zufuhrwege für basaltische Schmelzen im Bereich der Mittelozeanischen Rücken).

Silikatminerale, Silikate: wichtigste gesteinsbildende Minerale der Erde (einschließlich Quarz) mit SiO_4-Tetraedern als Grundbausteinen.

Stratigraphie: Teilgebiet der historischen Geologie, das sich mit der zeitlichen Einordnung von Gesteinsabfolgen mit Hilfe von Fossilien (Biostratigraphie) oder petrographischer Methoden (Lithostratigraphie) befasst. Zur zeitlichen Einordnung von Gesteinen werden auch radiometrische Datierungsmethoden herangezogen.

Streichen: Darunter versteht man die Richtung der Horizontalen auf einer geneigten Fläche (Streichlinie), angegeben als Himmelsrichtung bzw. als Winkel zwischen Streichrichtung und magnetisch Nord (gemessen mit dem Geologenkompass).

Tektonik: Lehre vom Bau der Erdkruste, von den Bewegungen in der Erdkruste und den diese Bewegungen auslösenden endogenen Kräften (Entstehung von Falten, Decken, Störungen, Spalten, etc.)...

tektonisches Fenster: durch Erosion entstandene fensterartige Öffnung in einer tektonischen Decke, in der der Untergrund oder eine tieferliegende Decke zum Vorschein kommt.

Tiefenerosion: siehe Erosion

Turbidit (Trübestrom, Dichtestrom): Sediment-Wassergemisch, das sich der Schwerkraft folgend in einem See oder im Meer beckenwärts bewegt. Kommt der Trübestrom zum Stillstand, entsteht eine Sedimentlage mit ganz bestimmten Merkmalen.

variszisch, variszische Gebirgsbildung (Faltungsära): Bezeichnung für Gebirgsbildungsprozesse, die im Zeitabschnitt Oberdevon bis Perm zur Entstehung des variszischen (herzynischen) Gebirges geführt haben (z. B. Harz, Rheinisches Schiefergebirge, Spessart, Schwarzwald, Böhmische Masse, auch in den Alpen, z. B. Karnische Alpen etc.).

13 Literatur (Auswahl)

ANGEL, F. & STABER, R. (1952): Gesteinswelt und Bau der Hochalm-Ankogel-Gruppe. – Wissenschaftliche Alpenvereinshefte, Heft 13, Innsbruck, 112 S.

BUCHENAUER, H. W. (1990): Gletscher- und Blockgletschergeschichte der westlichen Schobergruppe (Osttirol). – Marburger Geographische Schriften, Bd. 117: S. 1–276.

BÜDEL, J. & GLASER, U. (Hrsg.) (1969): Neue Forschungen im Umkreis der Glocknergruppe. – Wissenschaftliche Alpenvereinshefte, Heft 21, München, 321 S.

CANAVAL, R. (1911): Die Erzgänge der Siglitz bei Böckstein in Salzburg. – Zeitschrift für praktische Geologie, 19. Jahrgang, Heft 8, S. 1–22, Wien.

CANAVAL, R. (1920): Das Goldfeld der Ostalpen und seine Bedeutung für die Gegenwart. – Berg- und Hüttenmännisches Jahrbuch 1920, Heft 2/3, S. 67–110, Wien.

CORNELIUS, H. P. & CLAR, E. (1939): Geologie des Glocknergebietes (I. Teil). – Abh. d. Zweigst. Wien d. Reichsst. f. Bodenforschung, Band XXV, Heft 1, S. 1–305, Wien.

DAMM, B. & SIMON, W. (1966): Das Tauerngold. – Der Aufschluß, Sonderheft 15, S. 98–119, Heidelberg.

EXNER, Ch. (1957): Erläuterungen zur Geologischen Karte der Umgebung von Gastein, 1:50.000. – Geologische Bundesanstalt Wien, 168 S.

EXNER, Ch. (1964), mit einem Beitrag von S. PREY: Erläuterungen zur Geologischen Karte der Sonnblickgruppe, 1:50.000. – Geologische Bundesanstalt Wien, 170 S.

EXNER, Ch. (1983): Erläuterungen zur Geologischen Karte der Hafnergruppe (Blatt Muhr, Ö.K. 156 – Südteil, 1:25.000). – Mitt. Ges. Geol. Bergbaustud. Österr., Bd. 29, S. 41–74, Wien.

FLÜGEL, H.W. & FAUPL, P. (1987): Geodynamics of the Eastern Alps. – F. Deuticke, Wien, 418 Seiten.

FRASL, G. (1958): Zur Seriengliederung der Schieferhülle in den mittleren Hohen Tauern. – Jahrb. Geol. Bundesanst. Wien, Bd. 101, S. 323–472, Wien.

FRASL, G. & FRANK, F. (1966): Einführung in die Geologie und Petrographie des Penninikums im Tauernfenster. – Der Aufschluß, Sonderh. 15, S. 30–62, Heidelberg.

FRESNER, R., KRAINER, K., MOSTLER, W., PONTA, U., SCHULZ, L. & G. WIESER (2000): Hydrogeologische und limnologische Untersuchungen der Langtalseen (Vorderer, Mittlerer und Hinterer Langtalsee) im Gößnitztal, Kärnten. – Carinthia II, 190/110: S. 641–657, Klagenfurt.

FRITZ, A. & UCIK, F. H. (2001): Klimageschichte der Hohen Tauern. Spätwürmzeitliche und postglaziale Klima- und Vegetationsentwicklung in den südlichen Hohen Tauern (Ostalpen, Kärnten). – Wiss. Mitt. Nationalpark Hohe Tauern, Sonderband 3, 99 Seiten.

GRUBER, F. (1991): Der Seidelwinkel und der Rauriser Bergbau. Festschrift „Das Rauriser Tauernhaus, 1491–1991“, S. 77–92, Salzburg.

GRUBER, F. (2004): Das Rauriser Tal. Gold & Silber. Bergbaugeschichte. – Marktgemeinde Rauris, 256 Seiten.

GRUBER, F. & LUDWIG, K.-H. (1982): Salzburger Bergbaugeschichte. Ein Überblick. – Sonderband der Böcksteiner Montana, Verlag A. Pustet, Salzburg, 141 S.

GÜNTHER, W., PAAR, W.H., GRUBER, F. & HÖCK, V. (2000): Schatzkammer Hohe Tauern. 2000 Jahre Goldbergbau. – Verlag A. Pustet, Salzburg – München, 408 Seiten.

HÖCK, V. & MARSCHALLINGER, R. (1988): Exkursionsführer zur Jahrestagung der Österr. Geologischen Gesellschaft, 21.–23. Sept. 1988, Exkursion Hohe Tauern, 60 S. – Österr. Geol. Gesellschaft, Wien.

JAESCHE, P. (1999): Bodenfrost und Solifluktionsdynamik in einem alpinen Periglazialgebiet (Hohe Tauern, Osttirol). – Bayreuther Geowissenschaftliche Arbeiten, Band 20, 136 Seiten.

KARL, F. (1959): Vergleichende petrographische Studien an den Tonalitgraniten der Hohen Tauern. – Jahrb. der Geol. Bundesanstalt, Bd. 102, S. 1–192, Wien.

KONTRUS, K. (1966): Historisches und Aktuelles über die Epidot-Fundstelle an der Knappenwand im Untersulzbachtal. – Der Aufschluß, Sonderheft 15, S. 81–85, Heidelberg.

KONTRUS, K. (1966): Die Mineralfundpunkte in der Ankogelgruppe, Hohe Tauern. – Der Aufschluß, Sonderheft 15, S. 91–97, Heidelberg.

KRAINER, K. & POSCHER, G. (1994): Sedimentologische Untersuchungen im Gletschervorfeld der Pasterze. – Carinthia II, Klagenfurt.

KRAINER, K. & MOSTLER, W. (2001): Der aktive Blockgletscher im Hinteren Langtal Kar, Gößnitztal (Schobergruppe, Nationalpark Hohe Tauern, Österreich). – Wiss. Mitt. Nationalpark Hohe Tauern, Bd. 6: S. 139–168.

LANG, H. (1989): Die Gletscher Kärntens. – Naturschutz in Kärnten, Band 10, 92 S., Amt der Kärntner Landesregierung, Klagenfurt.

LANG, H. & LIEB, G.K. (1993): Die Gletscher Kärntens. – Naturwissenschaftl. Verein für Kärnten, Klagenfurt, 184 Seiten.

LIEB, G.K. (1986): Permafrost und Blockgletscher der östlichen Schobergruppe (Hohe Tauern, Kärnten). – Arb. Inst. Geogr. Univ. Graz 27: S. 123–132.

LIEB, G.K. (1996): Die Blockgletscher in den östlichen österreichischen Alpen. – Arb. Inst. Geogr. Univ. Graz 33: S. 9–125.

MEIXNER, H. (1957): Die Minerale Kärntens, I. Teil. – Carinthia II, Sonderheft 21, Klagenfurt, 147 S.

MEIXNER, H. (1974): Die Erz- und Minerallagerstätten Salzburgs. – Berg- und Hüttenmännische Monatshefte, 119. Jahrg., Heft 12, S. 503–512, Wien.

MOSER, M. & KIEFER, J. (1988): Die hydrogeologischen Verhältnisse und ihre Beziehungen zur Kinematik im Bereich der Talzuschubmasse Gradenbach/Kärnten. – Steir. Beitr. z. Hydrogeologie, Bd. 39, S. 95–115, Graz.

NATURHISTORISCHES MUSEUM WIEN (1994): - Hohe Tauern. Mineral & Erz,149 Seiten (verschiedene Beiträge zu den Themen Geologie, Mineralogie, Prähistorik, Bergbau und Kultur, Naturschutz und Lebensraum).

NIEDERMAYR, G. (1980): Ostalpine Kluftmineralisationen und ihre Beziehungen zur alpidischen Metamorphose. – Ann. Naturhist. Mus. Wien, Bd. 83, S. 399–416, Wien.

NIEDERMAYR, G. (1991): Habachtal/Pinzgau. Mineralien, Geologie und Smaragdbergbau. – Bode Verlag, Haltern, 65 S.

OBERHAUSER, R. (Hrsg.) (1980): Der Geologische Aufbau Österreichs. – Springer Verlag, Wien, 699 Seiten.

PAAR, W. H. (1980): Zur Mineralführung von Goldlagerstätten Salzburgs/Oberkärntens. – Almanach der österreichischen Forschung, S. 219–223.

PAAR, W.H. & CHEN, T.T. (1982): Ore Mineralogy of the Waschgang Gold-Copper Deposit, Upper Carinthia, Austria. – Tschermaks Min. Petr. Mitt. 30, S. 157–175.

PASCHINGER, V. (1948): Pasterzenstudien. – Carinthia II, Sonderheft 11: S. 1–119, Klagenfurt.

PATZELT, G. (1973): Die neuzeitlichen Gletscherschwankungen in der Venedigergruppe (Hohe Tauern, Ostalpen). – Zeitschrift für Gletscherkunde und Glazialgeologie, Bd. IX, Heft 1–2, S. 5–57, Innsbruck.

PATZELT, G. & BORTENSCHLAGER, S. (1973): Die postglazialen Gletscher- und Klimaschwankungen in der Venedigergruppe (Hohe Tauern, Ostalpen). – Zeitschrift für Geomorphologie, Neue Folge, Suppl. Bd. 16, S. 25–72, Stuttgart.

PESTAL, G., BRÜGGEMANN-LEDOLTER, M., DRAXLER, I., EIBINGER, D., EICHBERGER, H., REITER, Ch., SCEVIK, F., mit Beiträgen von FRITZ, A. & KOLLER, F. (1999): Ein Vorkommen von Oberkarbon in den mittleren Hohen Tauern. – Jahrb. Geol. B.-A., Band 141: S. 491–502, Wien.

POSEPNY, F. (1880): Die Goldbergbaue der Hohen Tauern mit besonderer Berücksichtigung des Rauriser Goldberges. – Archiv für practische Geologie, I. Band, A. Hölder, Wien, S. 1–256.

REITZ, E., DANECEK, T. & MILLER, H. (1989): Ein Nachweis jungproterozoischen Alters von Schwarzphylliten am Tauern-Nordrand (Salzburg, Österreich) und seine Bedeutung für den Bau der Hohen Tauern. – Jahrbuch d. Geol. Bundesanst., Bd. 132, S. 751–760, Wien.

ROCHATA, C. (1878): Die alten Bergbaue auf Edelmetalle in Oberkärnten. – Jahrbuch der k.k. geol. Reichsanstalt, Band 28, S. 213–368, Wien.

SENARCLENS-GRANCY, W. (1965): Zur Grundgebirgs- und Quartärgeologie der Deferegger Alpen und ihrer Ungebung. Zeitschr. d. deutschen Geol. Gesellschaft, Bd. 116 (1964), S. 502–511, Hannover.

SPIEGLER, A. (1996): Der Karst im Nationalparkbereich des Tauernfensters. – Kärntner Nationalpark-Schriften, Band 8 (Wissenschaft im Nationalpark Hohe Tauern): S. 85–97, Großkirchheim.

STUR, D. (1855): Der Gross-Glockner und die Besteigung desselben. – Jahrb. k.k. Geol. Reichsanst., Bd. 6, S. 814–837, Wien.

TOLLMANN, A. (1977–1986): Geologie von Österreich, Bd. I, Die Zentralalpen. – F. DEUTICKE Verlag, Wien, 766 S.

TROLL, E. & HOLZL, E. (1974): Zum Gesteinsaufbau des Altkristallins der zentralen Schobergruppe, Osttirol. – Jahrbuch der Geol. Bundesanst., Bd. 117, S. 1–16, Wien.

TURNOWSKY, F. (1946): Die Seen der Schober-Gruppe in den Hohen Tauern. – Carinthia II, Sonderheft 8, Klagenfurt, 78 S.

WAKONIGG, H. (1991). Die Nachmessungen an der Pasterze von 1879 bis 1990. – Arb. Geogr.Inst. Graz, Bd. 30, S. 271–307, Graz.

WAKONIGG, H. & LIEB, G. K. (1996): Die Pasterze und ihre Erforschung im Rahmen der Gletschermessungen. – Kärntner Nationalpark-Schriften, Band 8 (Wissenschaft im Nationalpark Hohe Tauern): S. 99–115, Großkirchheim.

WIESSNER, H. (1950): Geschichte des Kärntner Bergbaues. I. Teil. Geschichte des Kärntner Edelmetallbergbaues. – Archiv für vaterländische Geschichte und Topographie, Band 32, Klagenfurt, 301 S.

ZIRKL, E. (1966): Zur Mineralogie des Stubachtals, besonders des Totenkopfes im Pinzgau/Salzburg. – Der Aufschluß, Sonderheft 15, S. 72–80, Heidelberg.

Informationen zum Goldbergbau auch unter www.via-aurea.com (Via Aurea – Wege des Tauerngoldes)

Zahlreiche neue Forschungsergebnisse sind im Band 81 der Mitteilungen der Österreichischen Geologischen Gesellschaft (Festschrift Günther Frasl), erschienen in Wien 1989, sowie in Band 135 der Mitteilungen der Österreichischen Mineralogischen Gesellschaft, erschienen 1990 in Wien, enthalten.

Besonders hingewiesen sei auf die Reihe „Naturkundlicher Führer zum Nationalpark Hohe Tauern", herausgegeben vom Österreichischen Alpenverein,

Band 1: Gletscherweg Innergschlöß (Matrei in Osttirol)
Band 2: Gletscherweg Pasterze (Heiligenblut)
Band 3: Wasserfallweg „Krimmler Wasserfälle" (Krimml)
Band 4: Gletscherweg Obersulzbachtal (Neukirchen am Großvenediger)
Band 5: Blumenweg Oberseite - St. Jakob (St. Jakob in Defereggen)
Band 6: Wasserschaupfad Umbalfälle (Prägraten)
Band 7: Naturführer Seebachtal (Mallnitz)
Band 8: Familienwanderweg Winklerner Alm (Winklern)
Band 9: Kulturwanderweg Kals (Kals amGroßglockner)
Band 10: GeoLehrweg Knappenweg Untersulzbachtal (Neukirchen am Großvenediger)
Band 11: Kindernaturführer Seebachtal (Mallnitz)
Band 12: GeoLehrweg Habachtal (Bramberg)
Band 13: Naturführer Asten (Mörtschach)
Band 14: Kulturwanderweg Römerstraßen (Badgastein – Mallnitz)
Band 15: Naturführer Wassererlebnisweg (St. Jakob in Defereggen)
Band 16: Naturführer Gradental (Großkirchheim)
Band 17: Naturlehrweg Malteiner Wasserspiele (Malta)
Band 18: Naturkundlicher Führer Geo-Trail Tauernfenster (Heiligenblut)
Band 19: Naturführer Elendtäler (Malta)
Band 20: Geomorphologischer Lehrweg. Landschaften um die Glorer Hütte (Eichstätt)

Naturkundliche Führer Salzburg – Region Ost

Oberstes Murtal – naturkundlicher Führer Muhr
Eine Perle im Großarltal – naturkundlicher Führer Hüttschlag
Kötschachtal – Anlauftal und Naßfeld – naturkundlicher Führer Bad Gastein
Kulturwanderweg Römerstraßen – kulturhistorischer Führer Bad Gastein
Rauriser Urwald – naturkundlicher Führer Rauris
Tauerngolderlebnisweg – kulturhistorischer Führer Rauris
Inneres Fuschertal – naturkundlicher Führer Fusch
Kapruner Tal – naturkundlicher Führer Kaprun

b) Wichtige Fachzeitschriften mit regionalgeologischen Arbeiten über die Hohen Tauern

Viele Ergebnisse wurden in der 1993 gegründeten Zeitschrift „Wissenschaftliche Mitteilungen aus dem Nationalpark Hohe Tauern" veröffentlicht
Verhandlungen der Geologischen Bundesanstalt, Wien
Jahrbuch der Geologischen Bundesanstalt, Wien
Archiv für Lagerstättenforschung der Geologischen Bundesanstalt, Wien
Mitteilungen der Österreichischen Geologischen Gesellschaft, Wien
Mitteilungen der Gesellschaft der Geologie- und Bergbaustudenten Österreichs, Wien
Mitteilungen der Österreichischen Mineralogischen Gesellschaft, Wien
Carinthia II, Klagenfurt
Der Karinthin (Beiblatt zur Carinthia II)

c) Geologischen Karten der Hohen Tauern

ANGEL, F. & STABER, R. (1942): Geologische Karte des Hochalm-Ankogel-Gebietes, 1:50.000. – Deutscher Alpenverein (Verlag. Gebr. Borntraeger, Berlin).

CORNELIUS, H.P. & CLAR, E. (1935): Geologische Karte des Glocknergebietes, 1:25.000. – Alpenverein und Geol. B.-A., Wien.

EXNER, Ch. (1956): Geologische Karte der Umgebung von Gastein 1:50.000. – Geol. Bundesanstalt Wien.

EXNER, Ch. (1962): Geologische Karte der Sonnblickgruppe, 1:50.000. – Geol. B.- A., Wien.

EXNER, Ch. (1982): Geologische Karte der Hafnergruppe, Blatt Muhr, Ö.K. 156 – Südteil, 1:25.000 (2 Blätter). - Ges. Geol. Bergbaustud. Österr., Wien.

FRANK, W., MILLER, Ch. & PESTAL, G. (1987): Geologische Karte der Republik Österreich 1:50.000, Blatt 152, Matrei in Osttirol. – Geologische Bundesanstalt Wien.

HÖCK, V. & PESTAL, G. (1994): Geologische Karte der Republik Österreich 1:50.000, Blatt 153, Großglockner. – Geologische Bundesanstalt Wien.

KARL, F. & SCHMIDEGG, O. (1979): Geologische Karte der Republik Österreich 1:50.000, Blatt 151, Krimml. - Geologische Bundesanstalt Wien.

SENARCLENS-GRANCY, W.K. (1972): Geologische Karte der westlichen Deferegger Alpen 1:25.000. – Geologische Bundesanstalt Wien.

Biographie

Karl Krainer wurde am 9. Oktober 1956 in Klagenfurt geboren. Er studierte an der Universität Innsbruck Geologie, Paläontologie und Mineralogie und promovierte 1981 zum Dr. phil. Von 1982 bis 1986 war er als Vertragsassistent am Institut für Geologie und Paläontologie der Universität Innsbruck angestellt und arbeitete in dieser Zeit an verschiedenen Forschungsprojekten mit. An diesem Institut hat er seit 1986 die Stelle eines Universitätsassistenten inne und wurde 1991 für das Gesamtfach Geologie habilitiert. Er ist seit 1982 Lehrbeauftragter an der Universität Innsbruck, 1992 hatte er einen Lehrauftrag an der Montanuniversität Leoben.

Sein Forschungsschwerpunkt liegt auf dem Gebiet der Sedimentologie und Stratigraphie, wobei er sich vor allem mit der Rekonstruktion fossiler Ablagerungsräume beschäftigt. Darüber hinaus befasst er sich auch mit allgemeinen geologischen und regionalgeologischen Fragestellungen sowie mit Quartärgeologie (v.a. Blockgletscher und alpiner Permafrost). Forschungsreisen führten ihn nach Nordafrika und in die USA. Die Ergebnisse seiner wissenschaftlichen Tätigkeit sind in über 100 Publikationen festgehalten.

Anschrift des Verfassers
Ao. Univ.-Prof. Dr. Karl KRAINER, Institut für Geologie und Paläontologie, Fakultät für Geo- und Atmosphärenwissenschaften der Universität Innsbruck, Innrain 52, 6020 Innsbruck.
E-Mail: Karl.Krainer@uibk.ac.at

Fotonachweis

K. Krainer: 2–20, 22–30, 34–42, 44–50, 52–72, 83–89, 91–93, 95, 98, 99, 101–108, 110–115, 118, 119, 121–126, 128–134, 136–138, 140–161, 164, 169, 171, 174–186, 188, 206–210, 214–216; G. Kandutsch: 211; H. Lang: 163; J. Lerch: 28, 96, 190, 217, 218; G. Poscher: 117; G. Schewast: 189; A. Spieler: 97, 100, 109, 127, 173; F. Stefan: 191, 193–204; A. Steiner: 192; G. Zagler: 212; Würthle & Sohn, Wien – Salzburg – München (mit freundlicher Genehmigung der Galerie Würthle, Wien): 166; Postkarten-Industrie A.G., Wien (mit freundlicher Genehmigung des Postkartenverlages Richard Pietsch & Co Nfg., Wien): 167, 168; Nach einem käuflichen Foto von Foto Schneeberger, Matrei in Osttirol: 170; Nach einem käuflichen Foto von Franz Knollmüller, Graz: 172

Innsbruck / München
NORDTIROL
Paß Thurn
Bramberg am Wildkogel
Mittersill
Uttendorf
Wald im Pinzgau
Hollersbach im Pinzgau
Gerlos Paß
Neukirchen am Großvenediger
PINZGAU
Krimml
Zillertal
Großvenediger 3674 m
Felbertauern
Prägraten am Großvenediger
Virgen
Matrei in Osttirol
Kals
St.Jakob in Defereggen
St.Veit i.D.
Hopfgarten i.D.
Staller Sattel
TIROL
OSTTIROL
SÜDTIROL
Bozen / Verona
ITALIA

Wien
Salzburg / Wien
Tauernautobahn
n See
St.Johann
im Pongau
Nationalpark
Hohe Tauern
LZBURG
PONGAU
Rauris
Glocknerstraße
Hüttschlag
Bad Hofgastein
LUNGAU
Tauernautobahn
Bad Gastein
roßglockner
ochalpenstraße
Muhr
Ankogel
3246 m
iligenblut
Tauernschleuse
Großkirchheim
Mallnitz
Obervellach
Malta
Mörtschach
KÄRNTEN
Winklern
Tauernautobahn
OBERKÄRNTEN
sberg Stronach
ölsach
Spittal
an der Drau
LEGENDE
Nationalpark-Verwaltungen
Nationalparkgemeinden
Bezirksstädte
N
Klagenfurt / Graz